中国珍稀野生动物手绘图谱

卢济珍 等◎绘　　方楚雄　田世光◎配景　　翟 欣　潘志萍　张春兰◎主编

中山大学出版社
·广州·

版权所有　翻印必究

图书在版编目（CIP）数据

中国珍稀野生动物手绘图谱 / 卢济珍等绘；方楚雄，田世光配景；翟欣，潘志萍，张春兰主编 . —广州：中山大学出版社，2019.3

ISBN 978-7-306-06589-6

Ⅰ. ①中… Ⅱ. ①卢… ②方… ③田… ④翟… ⑤潘… ⑥张… Ⅲ. ①珍稀动物—野生动物—中国—图谱 Ⅳ. ① Q958.52-64

中国版本图书馆 CIP 数据核字 (2019) 第 042102 号

Zhongguo Zhenxi Yeshengdongwu Shouhui Tupu

出 版 人：	王天琪
策划编辑：	高惠贞
责任编辑：	靳晓虹　姜星宇
责任校对：	罗雪梅
装帧设计：	山内君
责任技编：	黄少伟
制　　作：	普济弘文馆
出版发行：	中山大学出版社
电　　话：	编辑部 020-84111946，84111997，84110779，84113349
	发行部 020-84111998，84111981
地　　址：	广州市新港西路 135 号
邮政编码：	510275　　传真：020-84036565
网　　址：	http://www.zsup.com.cn
印 刷 者：	广州家联印刷有限公司
规　　格：	889mm×1194mm　1/12　17 印张　190 千字
版次印次：	2019 年 3 月第 1 版　　2019 年 3 月第 1 次印刷
定　　价：	98.00 元

如发现本书因印装质量影响阅读，请与出版社发行部联系调换

中国珍稀野生动物手绘图谱

主创人名单

组编单位

广东省生物资源应用研究所

主编

翟 欣　潘志萍　张春兰

绘者

卢济珍　王 蘅　岩 崑　林淑然

配景

方楚雄　田世光

（排名不分先后，主创人简介见附录）

广州市科技计划项目

（项目编号：201806020317）

广东省生物资源应用研究所
GIABR

前言

  手绘是一项传统的艺术门类，以其经典的人文底蕴，让人倾倒。手绘作品能够表现出作者独特的思想性、丰富的个性表现力和开阔的想象力。

  1985年，在原广东省昆虫研究所、华南濒危动物研究所（现为广东省生物资源应用研究所）卢济珍老师的倡导下，一批优秀的野生动物绘制艺术家（中国科学院动物研究所的王薖老师、岩崑老师，原华南濒危动物研究所的林淑然老师、蒋果丁老师）手工绘制了180幅珍稀野生动物，包含鱼类（13种）、两栖类（10种）、爬行类（17种）、鸟类（80种）、兽类（60种）五大种类，广州美术学院的方楚雄老师、中央美术学院的田世光老师为图片配景，蒋果丁老师协助和参与了部分鸟类图片的绘制。

  这些手绘图片按照科学插图的要求，采用中国传统工笔画法，构图清新、手法细腻、妙笔传神、效果精美，凝结和饱含了20世纪80年代艺术家与学者对野生动物的诚挚、深厚且纯真的深情。

  这些手绘图片逼真传神，兼具艺术和科学之美，将野生动物的特征和神态表达得直观、动人，最大限度地保存了野生动物的科学属性，又实现了科学传播的初衷；同时，在材质表达、野生动物与环境的依存、光线的处理以及气氛的渲染等方面，都有极高的艺术造诣。把我国珍稀野生动物的优美体态栩栩如生地展现在读者面前，因时间的流逝而散发出更惊人的艺术魅力。

  制作之初，与广东省电化教育馆合作，将该组图片制成了一组135型彩色幻灯片，在广东中小学校、研究院所作为教学参考资料流通，从未有机会以书籍的形式面世。2018年，在广东省生物资源应用研究所和广州市科技计划项目（项目编号：201806020317）的经费支持下，聘请普济弘文馆对图片重新进行了制作和修缮，编者根据最新的研究成果，逐条重新编写了物种的介绍和说明。

  本书的出版需要特别感谢广东省生物资源应用研究所韩日畴研究员的大力支持，感谢中山大学出版社原总编辑（现香港三联书店总编辑）周建华老师在整个出版过程中给予的指导和帮助，感谢方楚雄老师和林淑然老师在艺术设计方面给予的意见和建议，感谢广东省生物资源应用研究所张春兰博士、彭诚博士、黄志文老师、覃海华老师分别对鸟类、鱼类、兽类、两栖类和爬行类物种的学名及介绍的审定，感谢广东省生物资源应用研究所柯培峰老师重新绘制了大熊猫的图片。最要感谢的是年近90岁的卢济珍老师对此书的大力推动，是卢老师的积极和热忱促成了此书的出版。

  由于编者水平有限，本书难免存在错漏之处，恳请广大读者批评指正。

目录

一、鱼类

1. 白氏文昌鱼 2
2. 乌鳢 3
3. 大黄鱼 4
4. 小黄鱼 5
5. 牙鲆 6
6. 鯻鱼 7
7. 带鱼 8
8. 蓝圆鲹 9
9. 白鲟 10
10. 中华鲟 11
11. 日本海马 12
12. 中国团扇鳐 13
13. 黑印真鲨 14

二、两栖类

1. 中华蟾蜍 16
2. 大异角蟾 17
3. 黑斑侧褶蛙 18
4. 虎纹蛙 19
5. 沼水蛙 20
6. 华南湍蛙 21
7. 海陆蛙 22
8. 大树蛙 23
9. 中国大鲵 24
10. 黑斑肥螈 25

三、爬行类

1. 乌龟 28
2. 绿海龟 29
3. 玳瑁 30
4. 山瑞鳖 31
5. 扬子鳄 32
6. 鼋 33
7. 大壁虎 34
8. 圆鼻巨蜥 35
9. 蓝尾石龙子 36
10. 钝尾两头蛇 37
11. 金环蛇 38
12. 银环蛇 39
13. 眼镜王蛇 40
14. 福建竹叶青蛇 41
15. 蟒蛇 42
16. 钩盲蛇 43
17. 海蛭 44

四、鸟类

1. 小䴙䴘 46
2. 斑嘴鹈鹕 47
3. 小军舰鸟 48
4. 普通鸬鹚 49
5. 苍鹭 50
6. 白琵鹭 51
7. 中白鹭 52
8. 白鹳 53
9. 朱鹮 54
10. 大天鹅 55
11. 鸳鸯 56
12. 绿头鸭 57
13. 玉带海雕 58
14. 松雀鹰 59
15. 黑鸢 60
16. 白腹海雕 61
17. 游隼 62
18. 红脚隼 63
19. 柳雷鸟 64
20. 黑嘴松鸡 65
21. 鹧鸪 66
22. 鹌鹑 67
23. 白冠长尾雉 68
24. 黄腹角雉 69
25. 褐马鸡 70
26. 白鹇 71
27. 原鸡 72
28. 雉鸡 73
29. 灰孔雀雉 74
30. 绿尾虹雉 75
31. 红腹锦鸡 76
32. 绿孔雀 77
33. 灰鹤 78
34. 白鹤 79
35. 丹顶鹤 80
36. 白骨顶 81
37. 蓝胸秧鸡 82
38. 大鸨 83
39. 普通燕鸻 84
40. 水雉 85

41. 针尾沙锥 86
42. 海鸥 87
43. 普通燕鸥 88
44. 珠颈斑鸠 89
45. 绯胸鹦鹉 90
46. 大杜鹃 91
47. 褐翅鸦鹃 92
48. 草鸮 93
49. 斑头鸺鹠 94
50. 长耳鸮 95
51. 普通夜鹰 96
52. 小白腰雨燕 97
53. 三宝鸟 98
54. 普通翠鸟 99
55. 蓝喉蜂虎 100
56. 戴胜 101
57. 冠斑犀鸟 102
58. 大斑啄木鸟 103
59. 蒙古百灵 104
60. 云雀 105
61. 家燕 106
62. 金腰燕 107
63. 赤红山椒鸟 108
64. 太平鸟 109
65. 红尾伯劳 110
66. 黑枕黄鹂 111
67. 八哥 112
68. 喜鹊 113
69. 秃鼻乌鸦 114
70. 红喉歌鸲 115
71. 画眉 116
72. 红嘴相思鸟 117
73. 黄腰柳莺 118
74. 长尾缝叶莺 119
75. 大山雀 120
76. 叉尾太阳鸟 121
77. 树麻雀 122
78. 金翅雀 123
79. 黑尾蜡嘴雀 124
80. 黄胸鹀 125

五、兽类

1. 东北刺猬 128
2. 棕果蝠 129
3. 皱唇犬吻蝠 130
4. 北树鼩 131
5. 猕猴 132
6. 短尾猴 133
7. 熊猴 134
8. 黑叶猴 135
9. 川金丝猴 136
10. 黑长臂猿 137
11. 中国穿山甲 138
12. 华南兔 139
13. 海南巨松鼠 140
14. 中国豪猪 141
15. 白鱀豚 142
16. 抹香鲸 143
17. 长江江豚 144
18. 狼 145
19. 貉 146
20. 赤狐 147
21. 黑熊 148
22. 棕熊 149
23. 大熊猫 150
24. 小熊猫 151
25. 黄鼬 152
26. 水獭 153
27. 紫貂 154
28. 大灵猫 155
29. 小灵猫 156
30. 果子狸 157
31. 金钱豹 158
32. 云豹 159
33. 雪豹 160
34. 猞猁 161
35. 东北虎 162
36. 华南虎 163
37. 儒艮 164
38. 亚洲象 165
39. 普氏野马 166
40. 蒙古野驴 167

41. 野猪 168
42. 双峰驼 169
43. 林麝 170
44. 赤鹿 171
45. 水鹿 172
46. 毛冠鹿 173
47. 梅花鹿 174
48. 海南坡鹿 175
49. 白唇鹿 176
50. 驯鹿 177
51. 麋鹿 178
52. 欧亚驼鹿 179
53. 中华斑羚 180
54. 蒙原羚 181
55. 北山羊 182
56. 盘羊 183
57. 中华鬣羚 184
58. 不丹羚牛 185
59. 印度野牛 186
60. 野牦牛 187

鱼类

1. 白氏文昌鱼
Branchiostoma belcheri

白氏文昌鱼隶属文昌鱼纲文昌鱼目文昌鱼科，在我国主要分布于厦门、青岛和烟台沿海。生活在水深 8～15 米、水质澄清、潮流缓慢、底质为沙的海区；营潜居生活，潜沙时，倒卧潜入疏松的沙质滩里，然后再把前端露出滩面。白氏文昌鱼属于脊索动物门中的头索动物亚门，在动物进化过程中的地位极为重要，是从无脊椎动物到脊椎动物的纽带，是研究脊椎动物起源和进化的模式动物。

王 蘅◎绘

2. 乌鳢
Ophiocephalus argus

乌鳢隶属硬骨鱼纲鲈形目鳢亚目鳢科，在我国，除高原地区外，自长江流域到黑龙江流域均有分布，尤以湖北、江西、安徽、河南、辽宁等省居多。是底栖性鱼类，通常栖息于水草丛生、底泥细软的静水或微流水中，是典型的肉食性鱼类。

王 蘅◎绘

3. 大黄鱼
Pseudosciaena crocea

大黄鱼隶属硬骨鱼纲鲈形目石首鱼科,分布于我国南海、东海和黄海南部。传统"四大海产"(大黄鱼、小黄鱼、带鱼、乌贼)之一。大黄鱼为暖温性近海集群洄游鱼类,主要栖息于80米以内的沿岸和近海水域的中下层。平时栖息于较深海区,4～6月向近海洄游产卵,产卵后分散在沿岸索饵,以鱼、虾等为食;秋冬季又向深海区迁移。繁殖季节其鳔能发声,渔民常借此估测鱼群的大小。

王 蘅◎绘

4. 小黄鱼
Pseudosciaena polyactis

　　小黄鱼隶属硬骨鱼纲鲈形目石首鱼科，广泛分布于我国东海、黄海、渤海以及朝鲜半岛西岸海域。小黄鱼为暖温性近海底层集群洄游鱼类，栖息于泥质或泥沙底质的海区。鱼群有明显的垂直移动现象，黄昏时上升、黎明时下降。冬季在深海越冬，春季向沿岸洄游，3～6月产卵，秋末返回深海。主要以糠虾、毛虾及小型鱼类为食。鳔能发声。

王　蘅◎绘

5. 牙鲆
Paralichthys olivaceus

牙鲆隶属硬骨鱼纲鲽形目鲆科，分布于中国、朝鲜半岛和日本沿海，我国沿海均产，黄海、渤海全年均可捕捞。身体呈卵圆形、扁平，双眼位于头部左侧。牙鲆俗称牙片、偏口、比目鱼、左口鱼等，是名贵的海产鱼类，也是重要的海水养殖鱼类之一。

王 蘅◎绘

6. 鳓鱼
Ilisha elongata

鳓鱼隶属硬骨鱼纲鲱形目鲱科，分布于印度洋和太平洋西部，在我国分布于渤海、黄海、东海和南海。鳓鱼为暖水性近海中上层集群洄游鱼类，喜栖息于沿岸及沿岸水与外海水交汇处水域；黄昏、夜间、黎明和阴天喜栖息于水的中上层，白天多活动于水的中下层，昼夜垂直移动现象不明显。遇大风或打雷时则沉入海底。游泳快。产卵前有卧底习性。

王 蘅◎绘

7. 带鱼
Trichiurus haumela

　　带鱼隶属硬骨鱼纲鲈形目带鱼科，主要分布于西太平洋和印度洋，在我国分布于黄海、东海、渤海、南海。带鱼为暖温性近海底层洄游鱼类，根据水温的变化，在近海和远洋，以及我国南方的东海和北方的黄海、渤海之间游动。生性凶猛，同类之间会互相残杀。

王　蘅◎绘

8. 蓝圆鲹
Decapterus maruadsi

蓝圆鲹隶属硬骨鱼纲鲈形目鲹科，分布于印度洋和太平洋，在我国分布于南海、东海及黄海。蓝圆鲹为暖水性中上层鱼类，具洄游习性，喜结群。生产盛期正值南方高温季节，产量又集中，因而鲜鱼销售较少，大部分加工成咸干品销售。

王 蘅◎绘

9. 白鲟
Psephurus gladius

白鲟隶属硬骨鱼纲鲟形目匙吻鲟科，主要分布于我国长江和钱塘江。栖息于江河中下层，有时进入大型湖泊，为半溯河洄游鱼类。体表光滑无鳞，长可达3米以上，最大体长可达7.5米，是体形最大的淡水鱼类之一。生性凶猛，成鱼和幼鱼均以鱼类为主食。是我国特产的稀有珍贵动物，属国家Ⅰ级野生保护动物，有"水中大熊猫"之称。2003年有见渔民捕获之后，至今再未见到活着的白鲟，已被推定灭绝。

王 蘅◎绘

10. 中华鲟
Acipenser sinensis

中华鲟隶属硬骨鱼纲鲟形目鲟科，分布于我国、日本、韩国、老挝和朝鲜，我国见于长江干流金沙江以下至入海河口，是我国特有的暖温性大型溯河洄游鱼类。中华鲟生活史的主要阶段在海洋中，成长发育至性成熟时洄游到淡水河流中产卵，繁殖后再返回海洋；孵化成幼鱼后降河洄游，进入河口咸淡水，经过一段时间体内渗透压的调整，陆续进入海洋生长。中华鲟既是介于软骨鱼类与硬骨鱼类之间的类群，又是硬骨鱼类中较原始的类群，在研究生物进化以及地质、地貌、海侵、海退等地球变迁方面均具有重要的科学价值。是国家Ⅰ级重点保护野生动物。目前，中华鲟的洄游产卵通道面临着来自水坝、堤堰、水闸等水利设施的威胁，据2018年的报道，已有3年未见野生中华鲟自然产卵。

王 蘅◎绘

11. 日本海马
Hippocampus mohnikei

日本海马隶属辐鳍鱼纲刺鱼目海龙科，分布于朝鲜和日本，在我国南北沿海（黄海、东海、渤海）均有出现。生活在水质清新、风小浪缓、海藻繁衍、底质为沙砾的近海海区。常见个体体长4.5～9.0厘米；体长，侧扁，被环状骨板，有10～12个骨环；靠背鳍扇动作直立游泳；寿命2～3年。雄海马长有育子囊，雌海马将卵子释放到育子囊里，雄海马负责受精和孵化。

王 蘅◎绘

12. 中国团扇鳐
Platyrhina sinensis

中国团扇鳐隶属软骨鱼纲鳐形总目团扇鳐科,分布于日本本州中部以南和朝鲜西南部海区,在我国分布于东海、南海、黄海、渤海。中国团扇鳐为暖水性沿岸鱼类,喜栖息于沙泥底质海域;游动缓慢,昼伏夜出,仅能利用其强壮的尾部左右摆动以前进。主要食物为小型甲壳类、底栖动物。卵胎生。

王蘅◎绘

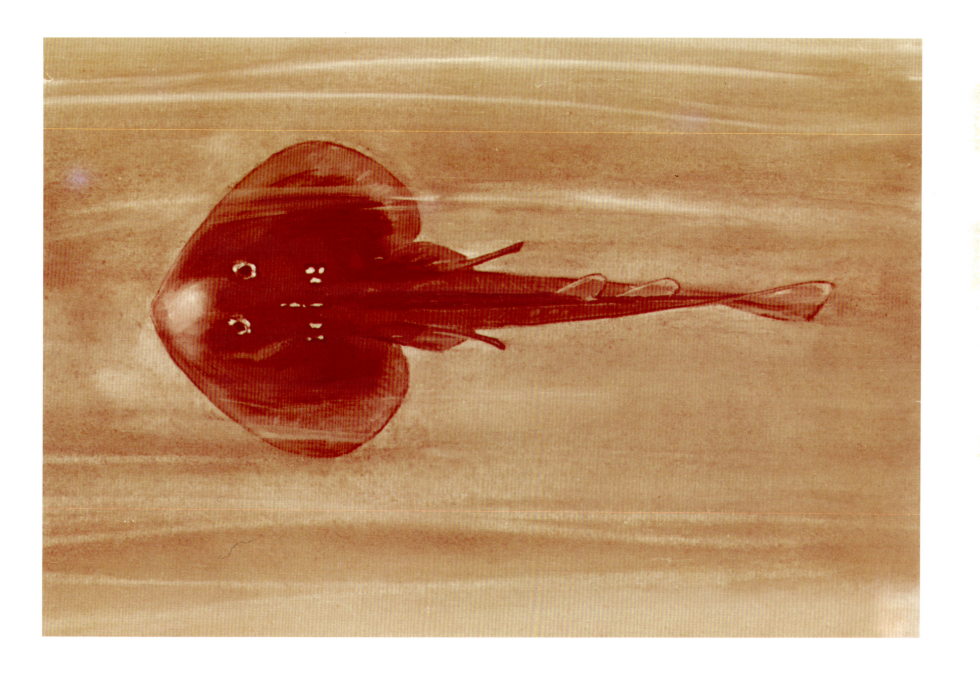

13. 黑印真鲨
Carcharhinus menisorrah

黑印真鲨隶属软骨鱼纲真鲨目真鲨科，分布于红海、印度洋、西南太平洋和我国的南海、东海、黄海。黑印真鲨为暖水性中小型鲨鱼，大量地在大陆架和岛屿边缘的附近被发现，移动快速，具侵略性。主要食物为鱼类、虾类，卵胎生。

王　蘅◎绘

两栖类

注：两栖类分类系统参考《中国两栖动物及其分布彩色图鉴》（费梁等，2012）

1. 中华蟾蜍
Bufo gargarizans

中华蟾蜍隶属两栖纲无尾目蟾蜍科,在我国分布于除新疆、海南、台湾、香港、澳门外的大部分省区。喜草丛、山坡、土穴等潮湿环境;白昼潜伏,晚上或雨天外出活动。雌雄异体,体外受精,蝌蚪在水中生活,变态后主要在陆地生活。气温下降至10℃以下时钻入砖石洞、土穴中或潜入水底冬眠。常作为实验动物,是农作物、牧草和森林害虫的天敌,其蟾酥可入药。

王 蘅◎绘

2. 大异角蟾
Xenophrys major

大异角蟾隶属两栖纲无尾目角蟾科，在我国分布于云南景洪勐养、普文、勐腊、屏边、河口，广西防城港；国外分布于印度、孟加拉、缅甸、泰国和越南。生存海拔范围为 1300～2200 米，一般生活于阔叶林山溪附近。极善跳，蝌蚪尾肌发达，尾鳍较低而厚。捕食害虫，对林木有益。

王　蘅◎绘

3. 黑斑侧褶蛙
Pelophylax nigromaculatus

黑斑侧褶蛙隶属两栖纲无尾目蛙科，在我国除台湾、海南外，广布于各省、自治区、直辖市；国外分布于朝鲜半岛、日本岛南部和俄罗斯紧邻黑龙江流域的部分地区。栖息于海拔 2200 米以下的水田、池塘、湖沼等处；白天隐匿在农作物、草丛或水生植物之间，昼夜均外出捕食，主要以夜间为主。10～11月开始冬眠，翌年3～5月出蛰。成体捕食昆虫纲、腹足纲等的小动物。

王 蘅◎绘

4. 虎纹蛙
Hoplobatrachus chinensis

虎纹蛙隶属两栖纲无尾目叉舌蛙科，分布于我国长江流域及以南地区。常生活于丘陵地带海拔 1100 米以下的水田、沟渠、水库、池塘、沼泽地等处，以及附近的草丛中；白昼匿居田边穴中，晚间活动。食量大，捕食昆虫、蚯蚓、蜘蛛及小型蛙类。为国家 II 级重点保护动物。

王 蘅◎绘

5. 沼水蛙
Hylarana guentheri

沼水蛙隶属两栖纲无尾目蛙科，分布于我国四川、云南、贵州、河南、安徽、江苏、浙江、江西、湖北、湖南、福建、台湾、广东、海南、广西、香港等地。生活在海拔1100米以下的平原、丘陵和山区，多栖息于稻田、池塘或水坑内。雄蛙会发出低沉而似狗叫的"光、光、光"鸣声。

王 蘅◎绘

6. 华南湍蛙
Amolops ricketti

华南湍蛙隶属两栖纲无尾目蛙科，在我国分布于浙江、福建、江西、湖北、湖南、广东、广西、四川、云南、贵州等地；国外分布于越南北部。生活于海拔400～1500米处；白天少见，夜晚栖息在急流处石或石壁上，或瀑布下的水域。

王 蘅◎绘

7. 海陆蛙
Fejervarya cancrivora

海陆蛙隶属两栖纲无尾目叉舌蛙科，在我国分布于台湾、广东、澳门、海南、广西；国外分布于菲律宾、中南半岛、印度尼西亚及东帝汶。海陆蛙栖息于咸水或半咸水的海湾泥滩上，白天隐伏在洞穴内或红树林的根须丛中，傍晚外出活动，捕食小型蟹类，是一种能在红树林生态系统中生存的两栖动物。

王 蘅◎绘

8. 大树蛙
Rhacophorus dennysi

大树蛙隶属两栖纲无尾目树蛙科，分布于我国贵州、安徽、江苏、浙江、江西、湖南、福建、广东、广西。大树蛙一般栖息于山区溪流边的森林内或稻田、水坑附近的灌木和草丛中。善攀树、跳跃。繁殖季节，成蛙选择水田、水塘或溪流平缓处上方的灌木或草丛中抱对产卵，卵孵化后，小蝌蚪掉入水中生活。

王 蘅◎绘

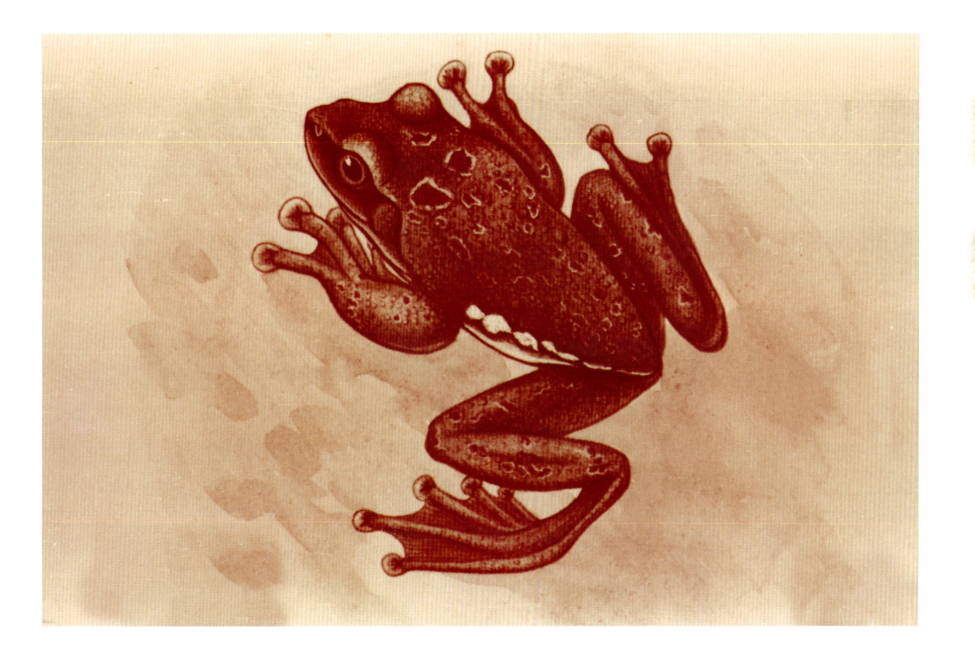

9. 中国大鲵
Andrias davidianus

中国大鲵隶属两栖纲有尾目隐鳃鲵科，主要分布于我国长江流域及黄河、珠江中下游的支流中。大鲵是由水生脊椎动物向陆生脊椎动物过渡的类群，常栖息于海拔1000米以下的溪河深潭内的岩洞、石穴之中。食性很广，主要以蟹、蛙、鱼、虾以及水生昆虫及其幼虫等为食。中国大鲵是目前体形最大的两栖类，因叫声像婴儿的哭声，也被称为"娃娃鱼"。为我国特有的珍稀两栖动物，目前野外种群数量很少，是国家Ⅱ级重点保护动物。

王 蘅◎绘

10. 黑斑肥螈
Pachytriton brevipes

黑斑肥螈隶属两栖纲有尾目蝾螈科，分布于我国广东、广西、福建、浙江、安徽、江西、湖南等地。栖息于海拔800～1700米山区林间的山溪，常隐于溪内石块或石隙间，或在水底石上爬行。主要以昆虫为食。

王 蘅◎绘

爬行类

注：爬行类分类系统参考《中国爬行动物图谱》（中国野生动物保护协会等，1999）、《中国蛇类（上）》（赵尔宓等，2006）

1. 乌龟
Mauremys reevesii

乌龟隶属爬行纲龟鳖目地龟科，分布于我国长江流域及山东、河北、河南、陕西、甘肃、云南、广东、广西等地。栖息于江河、湖沼和池塘，营半水栖生活。杂食性，吃鱼、虾、蠕虫、螺及植物茎叶等。在野外已经极为少见。

王 蘅◎绘

2. 绿海龟
Chelonia mydas

绿海龟隶属爬行纲龟鳖目海龟科，分布于我国山东、福建、浙江、台湾、广东等地沿海，以南海诸岛海域为多。终身生活于海洋中，以鱼类、头足纲、甲壳纲动物及海藻为食。一般仅在繁殖季节离水上岸，雌龟将卵产在掘于沙滩的洞穴中。为国家Ⅱ级重点保护动物。

王 蘅◎绘

3. 玳瑁
Eretmochelys imbricata

玳瑁隶属爬行纲龟鳖目海龟科，分布于我国黄海、东海、南海及热带、亚热带沿海。主要生活在浅水礁湖和珊瑚礁区。性凶猛，以鱼、软体动物及海藻为食。繁殖习性与海龟相似。为国家Ⅱ级重点保护动物。

王 蘅◎绘

4. 山瑞鳖
Palea steindachneri

山瑞鳖隶属爬行纲龟鳖目鳖科,分布于我国云南、贵州、广东、海南、广西。栖息于江河、溪流中。以软体动物、甲壳类、小鱼为食。繁殖季节,雌鳖于夜间在向阳潮湿的岸边沙滩或泥地挖穴产卵,依自然温度孵化。为国家Ⅱ级重点保护动物。

王 蘅◎绘

5. 扬子鳄
Alligator sinensis

扬子鳄隶属爬行纲鳄目鼍科，主要分布于我国长江下游地区的湖泊、水塘和沼泽中。扬子鳄生活于水边的芦苇或竹林地带，以鱼、田螺和河蚌等为食；白天常隐居在洞穴中，夜间外出觅食。为我国珍稀的淡水鳄类，是世界上濒临灭绝的爬行动物。它对人们研究古代爬行动物的兴衰、古地质学和生物进化都有重要的科学价值。为国家Ⅰ级重点保护动物。

王 蘅◎绘

6. 鼋
Pelochelys cantorii

鼋隶属爬行纲龟鳖目鳖科，分布于我国云南、广东、广西、福建、浙江、江苏等地。栖息于河、湖、池塘及溪流中，白天有时会浮出水面呼吸，晚间到岸边觅食。肉食性，捕食鱼、虾、螺等。每年11月开始在水底冬眠，直到翌年4月，繁殖时在向阳沙滩挖穴产卵，依自然温度孵化。为国家Ⅰ级重点保护动物。

王 蘅◎绘

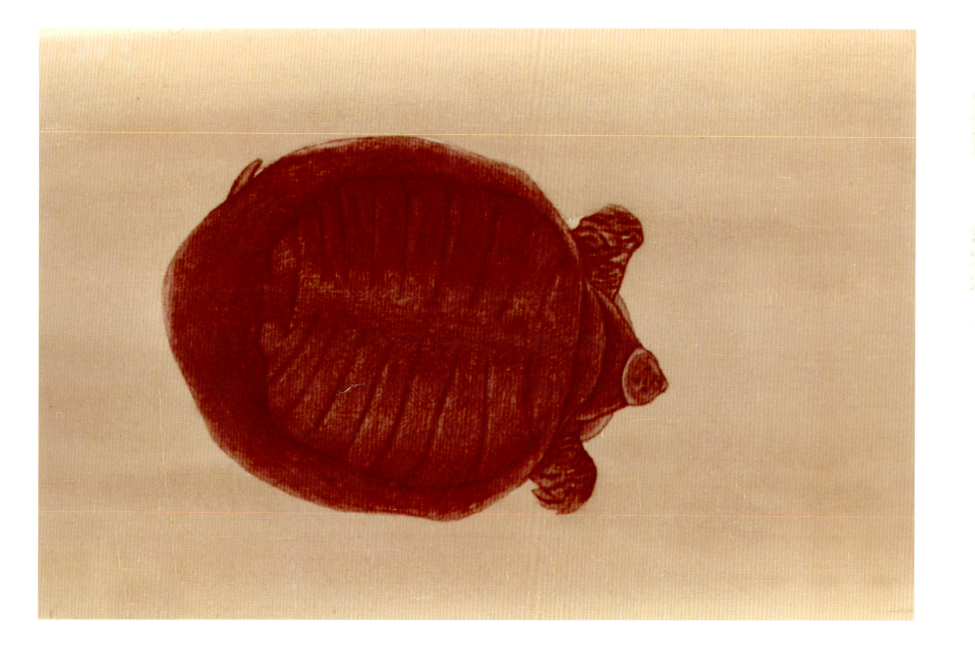

7. 大壁虎
Gekko gecko

大壁虎隶属爬行纲有鳞目壁虎科，分布于我国广东、广西、云南、福建、台湾等地。栖息于石灰岩山的近水源灌丛环境，亦见于枯树洞中及房屋的缝隙洞穴内。昼伏夜出，食物以昆虫为主，亦捕食其他小型壁虎。尾巴易断，但能再生。为国家Ⅱ级重点保护动物。

王 蘅◎绘

8. 圆鼻巨蜥
Varanus salvator

圆鼻巨蜥隶属爬行纲有鳞目巨蜥科，分布于我国海南、广东、广西、云南等地。栖息于山区溪流附近，善游泳，能攀附矮树。捕食鱼、螃蟹、田鼠、蛙、蛇和鸟等。成年雌巨蜥每次产卵15～30枚，置于岸边洞穴、石隙或近水的树洞中。为国家I级重点保护动物。

王 蘅◎绘

9. 蓝尾石龙子
Plestiodon elegans

蓝尾石龙子隶属爬行纲有鳞目石龙子科，分布于我国长江以南各省区。主要栖息于山区道旁的杂草丛或乱石堆中，喜在向阳的山坡上活动。日间活动，捕食昆虫。

王 蘅◎绘

10. 钝尾两头蛇
Calamaria septentrionalis

钝尾两头蛇隶属爬行纲有鳞目游蛇科，分布于我国河南、安徽、江苏、浙江、江西、湖南、福建、广东、广西、贵州等地。生活于山区、丘陵、平原较潮湿的环境。性温顺，善闪避。头尾粗细区别不明显，都有相似的黄斑和黑斑，尾易被误认为头，故称"两头蛇"。以昆虫、蚯蚓为食。

王 蘅◎绘

11. 金环蛇
Bungarus fasciatus

金环蛇隶属爬行纲有鳞目眼镜蛇科，分布于我国云南、广西、广东、福建、江西等地。是一种剧毒蛇，以神经毒为主。生活于平原、丘陵地带，常见于潮湿地区、水边；夜间活动。捕食蛇类、蛇卵、蜥蜴、蛙、鱼类、鼠类等动物。卵生，雌蛇产卵于腐叶下或洞穴中。

王 蘅◎绘

12. 银环蛇
Bungarus multicinctus

银环蛇隶属爬行纲有鳞目眼镜蛇科，分布于我国云南、贵州、广东、广西、湖南、湖北、安徽、江西、福建、台湾、四川等地。是一种剧毒蛇，以神经毒为主。栖息于平原、丘陵、山地；白昼蛰伏于石缝、树洞、乱石堆、草丛等地，傍晚外出到水域及其附近觅食，有时潜入室内捕食。捕食鼠、蛙、鱼、蜥蜴。卵生。

王 蘅◎绘

13. 眼镜王蛇
Ophiophagus hannah

眼镜王蛇隶属爬行纲有鳞目眼镜蛇科，分布于我国云南、贵州、广西、广东、福建、江西、浙江等地。是世界上最大的剧毒蛇，排毒量大，含神经毒和血循毒。白天活动，生活于密林中，有时亦上树或在溪流附近活动。以捕食蛇类为主，也吃鸟类、鸟卵和鼠类。卵生，以落叶和枯枝筑巢穴。

王 蘅◎绘

14. 福建竹叶青蛇
Trimeresurus stejnegeri

福建竹叶青蛇隶属爬行纲有鳞目蝰科，分布于我国安徽、浙江、湖北、湖南、江西、福建、台湾、广东、广西、贵州、四川、云南、甘肃等地。是一种剧毒蛇。生活于山区树林中，常见于溪涧边的灌木丛中。尾有缠绕性，善爬树。捕食蛙类、蜥蜴、小鸟及鼠类。卵胎生。

王 蘅◎绘

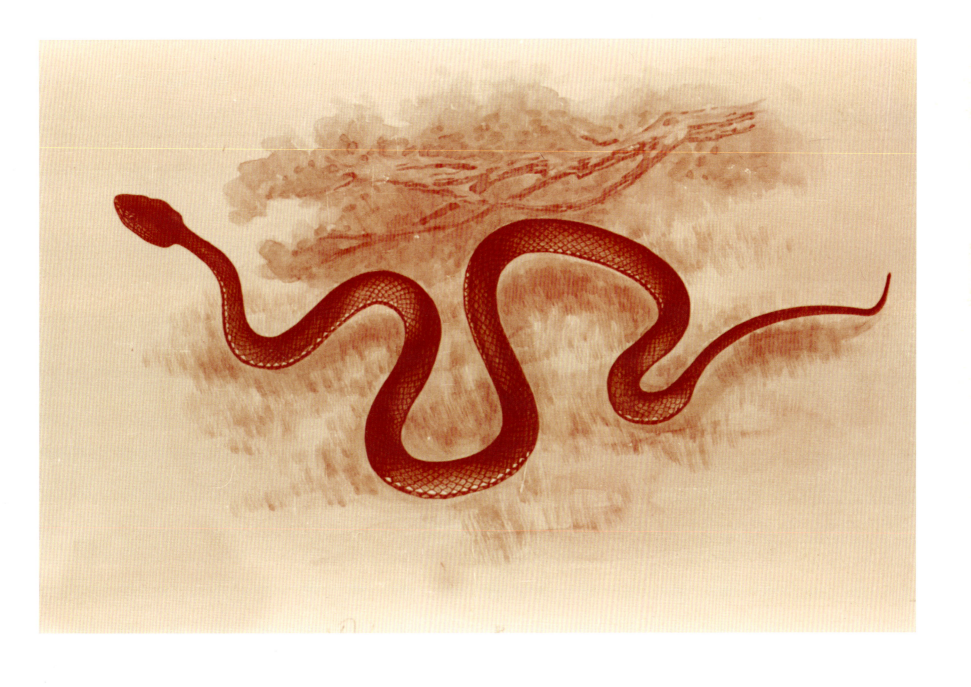

15. 蟒蛇
Python bivittatus

蟒蛇隶属爬行纲有鳞目蟒科，分布于福建、广东、广西、云南、贵州等地。我国蛇类中体形最大的一种，无毒。栖息于热带、亚热带低山丛林中，夜行性，善攀爬。以鼠类、鸟类、爬行类、两栖类为食，也能绞死并吞食羊羔、小猪、山羊、麂等兽类。卵生。为国家I级重点保护动物。

王 蘅◎绘

16. 钩盲蛇
Ramphotyphlops braminus

钩盲蛇隶属爬行纲有鳞目盲蛇科，分布于我国云南、广西、广东、贵州、湖北、福建、台湾、浙江、江西等地。外形似蚯蚓，眼甚小且隐于眼鳞之下或眼鳞与眼上鳞结合部，头尾粗细相似。白昼隐匿于泥土隙缝、砖石下，晚上或阴雨天到地面活动。捕食白蚁以及其他昆虫的卵与幼虫。卵生，孤雌生殖。

王 蘅◎绘

17. 海蝰
Praescutata viperina

海蝰隶属爬行纲有鳞目眼镜蛇科，分布于我国福建、广东、广西等地沿海区域。终生栖息于海中。尾扁似桨，属前沟牙类毒蛇，毒液是神经毒。主要捕食鱼类。

王蘅◎绘

四 鸟类

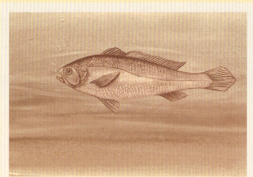

1. 小䴙䴘
Tachybaptus ruficollis

小䴙䴘隶属鸟纲䴙䴘目䴙䴘科,分布于我国各地。是我国最常见的水鸟之一,多为留鸟,部分为候鸟。栖息于水塘、湖泊、沼泽。尾短、翅短、腿短,善于游泳、潜水,不受惊扰很少起飞。通常白天活动觅食,食物主要为各种小型鱼类。在远离岸边,附近有芦苇、灌木丛和水草的开阔水域中营造浮巢。

卢济珍◎绘　　田世光◎配景

2. 斑嘴鹈鹕
Pelecanus philippensis

斑嘴鹈鹕隶属鸟纲鹈形目鹈鹕科，曾经分布于我国新疆、山东以南沿海地区，目前仅存在于亚洲东南部地区。结大群生活，善游泳，飞翔力亦强。下喙具有发达的暗紫色皮肤质喉囊，主要以鱼类为食，常在水中集群把鱼驱赶至浅水处捕食。通常营巢于湖边或沼泽湿地中高大的树上。为国家 II 级重点保护动物。

林淑然◎绘　　方楚雄◎配景

3. 小军舰鸟
Fregata minor

小军舰鸟隶属鸟纲鹈形目军舰鸟科，繁殖于我国海南岛及附近海上岛屿、西沙群岛及南沙群岛，偶见于我国南部沿海至江苏及河北。善飞翔，能在高空翱翔数小时，并能贴近水面飞行，以末端钩曲之嘴捕捉海面食物。主要以鱼类、头足类软体动物及其他鸟雏等为食。营巢于海岛灌丛上或树上。雄鸟喉呈红色，繁殖期膨大成半球状喉囊。

卢济珍◎绘　　方楚雄◎配景

4. 普通鸬鹚
Phalacrocorax carbo

普通鸬鹚隶属鸟纲鹈形目鸬鹚科，广布于全国。生活于江湖、海滨等地，善游泳，潜水可达数米深，能在水中以长而钩的嘴捕鱼；陆上行动笨拙，性不畏人。主要取食鱼类，遇大鱼会数鸟合力捕捉。营巢于沼泽、水边树上或岛屿悬崖等处。为我国渔民传统驯养鸟类，受驱使捕鱼。

卢济珍◎绘　　方楚雄◎配景

5. 苍鹭
Ardea cinerea

苍鹭隶属鸟纲鹳形目鹭科，几乎遍及我国各地。栖息于江河、溪流、湖泊、水塘、海岸等水域岸边及浅水处；成对或成小群活动，迁徙期间和冬季集成大群。可单足站立数小时之久，飞行时缩颈伸腿。主要取食鱼、蛙、虫、贝等。群集营巢于水域附近的树上或芦苇与水草丛中。

卢济珍◎绘　　田世光◎配景

6. 白琵鹭
Platalea leucorodia

　　白琵鹭隶属鸟纲鹳形目鹮科，在我国东北、华北、西北一带繁殖，迁徙至长江中下游和华南一带越冬。栖息于沼泽地、河滩、苇塘等处。嘴长而直，上下扁平，前端扩大呈匙状，黑色，端部黄色。索食小鱼虾、昆虫、软体动物及蛙类等。飞行时颈和脚伸直，拍动翅膀和滑翔交替进行。常聚成大群繁殖，筑巢于近水的高树上或芦苇丛中。为国家 II 级重点保护动物。

卢济珍◎绘　　田世光◎配景

7. 中白鹭
Egretta intermedia

中白鹭隶属鸟纲鹳形目鹭科，常见于我国南方低洼潮湿地区。常成群或与其他鹭类混群活动，栖息于稻田、湖畔、沼泽地、红树林及沿海泥滩。飞行时颈缩成"S"形，两脚直伸向后。主要以鱼、虾、蛙、水生和陆生昆虫等为食。营巢于树林或竹林内。

卢济珍◎绘　　田世光◎配景

8. 白鹳
Ciconia ciconia

白鹳隶属鸟纲鹳形目鹳科，分布于我国新疆。夏候鸟，除繁殖期成对活动外，其他季节常成群活动；主要栖息于开阔而偏僻的平原、草地和沼泽地带。飞翔时颈向前伸直，脚伸到尾后；休息时常单腿或双腿站立于水边沙滩上或草地上。取食鱼类、蛙、蜥蜴和昆虫等，间食小型鼠类。在大树或高大建筑物上营巢。为国家 I 级重点保护动物。

卢济珍◎绘　　田世光◎配景

9. 朱鹮
Nipponia nippon

朱鹮隶属鸟纲鹳形目鹮科。1981年于陕西南部洋县地区发现了世界上仅存的7只野生朱鹮，现已生活于中、日、韩三国，我国的人工养殖和野外种群数量达2600余只。朱鹮生活在温带山地森林和丘陵地带，大多邻近水稻田、河滩、池塘、溪流和沼泽等湿地环境。以蟹、蛙、小鱼、田螺及其他软体动物、甲虫等为食。朱鹮非繁殖期通体白色，头、羽冠、背和两翅及尾部缀有粉红色，翅下和尾下亦缀有粉红色，飞翔时极其明显可见。繁殖期用嘴不断地啄取从颈部的肌肉中分泌出来的一种灰色色素，涂抹到羽毛上，使头部、颈部、上背部和两翅等都变成灰黑色。常成对单独营巢于水域附近高大的乔木上。

卢济珍◎绘　　田世光◎配景

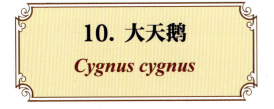

10. 大天鹅
Cygnus cygnus

大天鹅隶属鸟纲雁形目鸭科，冬季见于我国华北至长江流域及以南地区，夏季迁至东北、内蒙古、新疆等地繁殖。栖息于开阔的、水生植物繁茂的浅水水域。主食水生植物，兼食贝类、鱼虾等。迁徙时以小家族为单位，呈"一"字、"人"字或"V"字形队伍飞行。飞行时颈部前伸，挥翅缓慢，动作优美。为国家Ⅱ级重点保护动物。

卢济珍◎绘　　田世光◎配景

11. 鸳鸯
Aix galericulata

鸳鸯隶属鸟纲雁形目鸭科，繁殖于我国东北，冬季迁至南方。栖息于多林木的溪流中，成对或成群活动。雌雄异色，雄鸟羽色鲜艳华丽。杂食性，食物的种类常随季节和栖息地的不同而有变化，以植物性食物为主，繁殖季节以动物性食物为主。营巢于树上洞穴或河岸。为国家 II 级重点保护动物。

卢济珍◎绘　　田世光◎配景

12. 绿头鸭
Anas platyrhynchos

绿头鸭隶属鸟纲雁形目鸭科，分布广，在我国长江流域及以南地区越冬，春季迁徙至华北、东北、内蒙古、青海及新疆等地繁殖。雌雄异色，雄鸟头和颈呈辉绿色，颈部有一明显的白色领环。主要栖息于水生植物丰富的湖泊、河流、池塘、沼泽等水域中。以植物为主食，也吃无脊椎动物和甲壳动物。是我国饲养的家鸭的祖先之一。

卢济珍◎绘　　田世光◎配景

13. 玉带海雕
Haliaeetus leucoryphus

玉带海雕隶属鸟纲隼形目鹰科，在我国内蒙古至西北、西藏等地繁殖，华北、四川西部地区偶见。栖息于高海拔的河谷、山岳、草原的开阔地带，在湖泊岸边吃淡水鱼和雁鸭等水禽，在草原及荒漠地带以旱獭、黄鼠、鼠兔等啮齿动物为主要食物。通常营巢于湖泊、河流或沼泽岸边的高大乔木上。为国家Ⅰ级重点保护动物。

卢济珍◎绘　　田世光◎配景

14. 松雀鹰
Accipiter virgatus

松雀鹰隶属鸟纲隼形目鹰科，分布于我国蒙古东北部、东北山地、西藏南部至陕西、四川、云南、广西、广东、福建等地区。通常栖息于海拔2800米以下的山地针叶林、阔叶林和混交林中，冬季时则会到海拔较低的山区活动。主要捕食鼠类、小鸟、昆虫等动物。营巢于高大乔木上。为国家II级重点保护动物。

林淑然◎绘　　方楚雄◎配景

15. 黑鸢
Milvus migrans

黑鸢隶属鸟纲隼形目鹰科,分布于全国各地。留鸟。一般栖息于开阔的平原、草地、荒原和低山丘陵地带。常在高空呈圈状盘旋翱翔,视力敏锐。以小鸟、鼠类、蛇、蛙、野兔、鱼、蜥蜴和昆虫等动物为食,偶尔也吃家禽和腐尸。营巢于高大树上或悬崖峭壁上。为国家Ⅱ级重点保护动物。

林淑然◎绘　　方楚雄◎配景

16. 白腹海雕
Haliaeetus leucogaster

白腹海雕隶属鸟纲隼形目鹰科，分布于我国东南部沿海包括海南岛、西沙群岛及南沙群岛。栖息于海岸边、沿海河流、港湾等处，偶尔出现于近海淡水湖泊。单独或成对活动。休息时笔直立于水边树上或岩石上，在高空中翱翔或滑翔时甚优雅。主要以捕食水生动物为生，包括鱼、海龟和海蛇，间或捕食蟹、鼠等。一般营巢于海岸边的高大乔木上或悬崖岩石上。为国家Ⅱ级重点保护动物。

林淑然◎绘　　方楚雄◎配景

17. 游隼
Falco peregrinus

游隼隶属鸟纲隼形目隼科,广布于我国,自东北至华北为旅鸟,长江以南至广东为冬候鸟。栖息于开阔地带,多成对活动。飞行迅速,是世界上飞行最快的鸟种之一。近似垂直地从高空俯冲而下,常在空中即以后爪戮击猎物颈部。以多种鸟类为主要食物,也食小型兽类。在悬崖的隐缝处营巢。为国家Ⅰ级重点保护动物。

林淑然◎绘　　方楚雄◎配景

18. 红脚隼
Falco vespertinus

红脚隼隶属鸟纲隼形目隼科，罕见于我国，繁殖于新疆西北部乌伦古河河谷。是长距离迁徙的猛禽。常在开阔地带回翔，单独或成对活动。能短暂停飞于空中，伺机捕食地面猎物。主要以昆虫为食。经常强占喜鹊的巢，有时也自己营巢于疏林中高大乔木的顶枝上。为国家 II 级重点保护动物。

卢济珍◎绘　　田世光◎配景

19. 柳雷鸟
Lagopus lagopus

柳雷鸟隶属鸟纲鸡形目松鸡科，分布于我国黑龙江流域。寒带鸟类。栖息于山区河边的柳林或松林内，除了繁殖期外，大多成群活动。极善走，飞行也迅速，但不远飞。植食性鸟类，很少吃昆虫。体羽四季有变化，夏羽以栗褐色为主，冬羽以白色为主，是生物体与环境相适应的典型例子。营巢于地上草丛间。

卢济珍◎绘　　方楚雄◎配景

20. 黑嘴松鸡
Tetrao parvirostris

黑嘴松鸡隶属鸟纲鸡形目松鸡科，分布于我国东北大兴安岭、小兴安岭和长白山地区海拔 300～1000 米的落叶松林及松树林中。栖息于高山林带，集群生活，冬季夜宿雪穴中。不善飞，善于行走和掘地寻食。食物主要是松树、杉树及桦树的枝芽及其他浆果、草籽等。巢筑于树根下草丛、倒木或枯枝堆中。为国家 I 级重点保护动物。

卢济珍◎绘　　方楚雄◎配景

21. 鹧鸪
Francolinus pintadeanus

鹧鸪隶属鸟纲鸡形目雉科,分布于我国南部各地。留鸟。主要栖息于低地至海拔 1600 米的干燥林地、草地及次生灌丛中;不成群。善奔走,常据一山头鸣叫。杂食性。营一夫多妻制的繁殖方式。营巢于山坡草丛或灌丛中。

林淑然◎绘　　方楚雄◎配景

22. 鹌鹑
Coturnix coturnix

鹌鹑隶属鸟纲鸡形目雉科，繁殖于我国新疆喀什、天山及罗布泊地区，迁徙时见于西藏南部及东南部。栖息于生长着茂密的野草或矮树丛的平原、荒地、溪边及山坡丘陵，常成对而非成群活动。善隐匿，受惊时飞行甚速，呈直线。以谷类、草籽、嫩芽叶和昆虫为食。营巢于干燥草地。

林淑然◎绘　　方楚雄◎配景

23. 白冠长尾雉
Syrmaticus reevesii

白冠长尾雉隶属鸟纲鸡形目雉科，现仅存于我国山东、湖北、安徽、贵州、四川、甘肃、陕西、云南地区。栖息于海拔300～1000米的多林高山，常成群活动。性机警，善奔走，飞行有力。食物为各种果实、种子和昆虫。营巢于草地。白冠长尾雉优雅的体形、艳丽独特的羽色，极具观赏价值，其雄鸟的尾羽称为"雉翎"。已罕见，为国家Ⅱ级重点保护动物。

卢济珍◎绘　　田世光◎配景

24. 黄腹角雉
Tragopan caboti

黄腹角雉隶属鸟纲鸡形目雉科，是我国东南部特有物种，分布于福建中部和西北部、广东北部、广西东北部等地区。留鸟。栖息于海拔 1000～1600 米高的茂密森林的林下灌丛中。性怯懦而爱隐匿，善奔走，不善飞翔，非迫不得已，一般不起飞。主要以蕨类及植物的茎、叶、花、果实和种子为食。为国家Ⅰ级重点保护动物。

卢济珍◎绘　　方楚雄◎配景

25. 褐马鸡
Crossoptilon mantchuricum

褐马鸡隶属鸟纲鸡形目雉科，是我国特有鸟类，仅分布于青海、甘肃、宁夏、西藏、四川等省区部分海拔2000～4000米的地带。留鸟。栖息于高海拔的开阔高山草甸及林地灌草丛中，常成群活动，夜宿大树上。性极机警，善奔走，飞行缓慢，少远飞。主要以植物的叶、嫩茎、幼芽、花蕾、浆果、种子等为食。营巢于林下地面灌丛间、枯枝堆或倒木下。为国家Ⅰ级重点保护动物。

卢济珍◎绘　　田世光◎配景

26. 白鹇
Lophura nycthemera

白鹇隶属鸟纲鸡形目雉科，广布于我国南部及东南部大部分地区中等海拔的常绿林、竹林及灌丛中。留鸟。栖息于多林山地，喜在山林下层或浓密竹丛间结小群活动，夜宿高树上。警觉性高，善奔走，受惊时疾走或起飞。雌雄异色，图中为雄鸟。杂食性。营巢于山林地面凹处。为国家Ⅱ级重点保护动物。

林淑然◎绘　　方楚雄◎配景

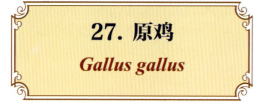

27. 原鸡
Gallus gallus

原鸡隶属鸟纲鸡形目雉科,分布于我国西南部、南部及海南岛的热带常绿灌丛。结群生活,夜间群栖树上。是家鸡的祖先,能与家鸡混群觅食、杂交繁衍。取食于地面但飞行能力强,警惕性高,人不易接近。杂食性。营巢于树脚旁边或灌丛与草丛中地上。

卢济珍◎绘　　方楚雄◎配景

28. 雉鸡
Phasianus colchicus

雉鸡隶属鸟纲鸡形目雉科，广布于全国。留鸟。栖息于不同高度的开阔林地、灌木丛、半荒漠及农耕地。脚强健，善走，特别是在灌丛中奔走极快，也善于藏匿；翼短，不能久飞。杂食性。营巢于草丛、芦苇丛或灌丛中地上。

卢济珍◎绘　　方楚雄◎配景

29. 灰孔雀雉
Polyplectron bicalcaratum

灰孔雀雉隶属鸟纲鸡形目雉科，在我国仅分布于云南南部、西南部及西藏东南部。栖息于山间常绿林中，单独或成对活动。性怯畏人，窜跑迅速，飞行慢而不稳。食物多为昆虫或蠕虫。营巢于低山或山脚地带茂密的森林中。雄鸟有精湛的求偶表演：蹲伏地面，尾呈扇形，两翼伸展并抬起。数量稀少，为国家Ⅰ级重点保护动物。

卢济珍◎绘　　方楚雄◎配景

30. 绿尾虹雉
Lophophorus lhuysii

绿尾虹雉隶属鸟纲鸡形目雉科，是我国特有鸟类，分布于青海、西藏、四川及甘肃南部。栖息于亚高山针叶林海拔 3000～5000 米的高山灌丛及山地草甸，成对或小群活动。以植物的嫩枝、花、叶和地下茎为食，尤其嗜食贝母球茎。由于分布区狭，且栖息环境恶劣，又受天敌及滥猎之害，全球性易危。为国家Ⅰ级重点保护动物。

卢济珍◎绘　　田世光◎配景

31. 红腹锦鸡
Chrysolophus pictus

红腹锦鸡隶属鸟纲鸡形目雉科，是我国特有鸟类，分布于青海、甘肃、陕西、四川、湖北、湖南、贵州、广西等地。留鸟。夏季单独或成小群出没于山地矮树或丛林间，冬季结群到林缘的庄稼地觅食。以植物的叶和幼芽为食，兼食谷物和昆虫。为国家 II 级重点保护动物。

卢济珍◎绘　　田世光◎配景

32. 绿孔雀
Pavo muticus

绿孔雀隶属鸟纲鸡形目雉科，分布于我国云南西南部和南部，现分布范围极狭窄。栖息于沿河的低山林地及灌丛中，夜晚隐于林木高处，常一只雄鸟与多只雌鸟、幼鸟在一起。善走不善飞，叫声洪亮。杂食性。繁殖期常展尾如屏。为名贵的观赏鸟，国家Ⅰ级重点保护动物。

卢济珍◎绘　　田世光◎配景

33. 灰鹤
Grus grus

灰鹤隶属鸟纲鹤形目鹤科，繁殖于我国的东北及西北，冬季南迁至我国南部及中南半岛。喜湿地、沼泽地及浅湖，常出现在近水地域。飞行时颈伸直，呈"V"字形编队。杂食性。求偶时作高跳跃的舞姿。为国家Ⅱ级重点保护动物。

卢济珍◎绘　　田世光◎配景

34. 白鹤
Grus leucogeranus

　　白鹤隶属鸟纲鹤形目鹤科，繁殖于俄罗斯东南部及西伯利亚，迁徙经过我国东北，部分在鄱阳湖及长江流域的湖泊越冬。栖息于开阔的平原沼泽草地、苔原沼泽、大的湖泊岩边及浅水沼泽地带。常单独、成对或成家族群活动，迁徙季节和冬季则常常集成数十只甚至上百只的大群，飞行时排成"V"字队形。主要以植物的茎和块根为食。夏季繁殖，营巢于河、湖、沼泽附近的草地。为国家Ⅰ级重点保护动物。

卢济珍◎绘　　田世光◎配景

35. 丹顶鹤
Grus japonensis

　　丹顶鹤隶属鸟纲鹤形目鹤科，繁殖于我国东北，冬季南迁至华东及长江两岸湖泊，偶见于台湾。栖息于宽阔河谷、林区及沼泽，常成对或成家族群和小群活动。鸣叫声高亢、洪亮。以鱼类、软体动物、沼泽草类的嫩芽等为食。营巢于开阔的大片芦苇沼泽地上或水草地上。繁殖时有优美的炫耀舞蹈。为国家Ⅰ级重点保护动物。

林淑然◎绘　　方楚雄◎配景

36. 白骨顶
Fulica atra

白骨顶隶属鸟纲鹤形目秧鸡科，夏季广布于我国北方，在长江以南至海南岛等地越冬。栖息于有水生植物的大面积静水或近海的水域，除繁殖期外，常成群活动。善游泳，能潜水捕食小鱼和水草，主要以水生植物的嫩芽、昆虫、软体动物等为食。营巢于有开阔水面的水边芦苇丛或水草丛中。

卢济珍◎绘　　方楚雄◎配景

37. 蓝胸秧鸡
Gallirallus striatus

蓝胸秧鸡隶属鸟纲鹤形目秧鸡科，分布于我国华南及西南地区。留鸟。出没于红树林、沼泽、稻田、草地等处；昼间隐蔽，多在清晨及黄昏单独活动。走动快捷，不善飞。以鱼、虾、螺蛳及昆虫等为食。营巢于水边草丛中或芦苇沼泽地上。

卢济珍◎绘　　方楚雄◎配景

38. 大鸨
Otis tarda

大鸨隶属鸟纲鹤形目鸨科，我国仅在东北及新疆一带有其繁殖记录，迁徙时经黄河下游及沿海抵华东地区。栖息于草原或半荒漠，集小群生活，越冬时多栖息于农耕地。善奔驰，飞行有力。以嫩草、麦苗及谷物等为食，繁殖期还觅食昆虫。在低草和低作物的地面营巢。在求偶炫耀时雄鸟会膨出胸部白色羽毛。为国家Ⅰ级重点保护动物。

卢济珍◎绘　　田世光◎配景

39. 普通燕鸻
Glareola maldivarum

普通燕鸻隶属鸟纲鸻形目燕鸻科，夏季在我国华南及沿海地带，北抵东北繁殖；秋季南迁。以小群至大群活动。与其他涉禽混群栖息于开阔地、沼泽地及稻田。形态优雅，性喧闹；善走，头不停点动。飞行时优雅似燕，于空中捕捉昆虫。常见于飞机场。营巢于河流、湖泊岸边或附近沙土地上。

卢济珍◎绘　　田世光◎配景

40. 水雉
Hydrophasianus chirurgus

水雉隶属鸟纲鸻形目雉鸻科，分布于我国长江中下游及以南地区。栖息于富有挺水植物和漂浮植物的淡水湖泊、池塘和沼泽地带。常行走在莲叶和水生植物上，也会游泳及潜水。以水生昆虫、螺蛳、鱼、虾等为食。以水草、腐叶堆积于莲叶上，或以浮于水面的草堆为巢。一雌多雄制，孵卵由雄鸟承担，在繁殖季节，雌鸟有时可产卵10窝以上，分别由不同的雄鸟孵化。

林淑然◎绘　　方楚雄◎配景

41. 针尾沙锥
Gallinago stenura

针尾沙锥隶属鸟纲鸻形目鹬科，繁殖于东北亚，冬季南迁至印度、东南亚和印度尼西亚，是我国境内常见的过境迁徙鸟。活动于稻田、林中的沼泽和潮湿洼地以及红树林。飞行速度甚快，飞行方向变幻不定，常呈"S"形或锯齿状曲折飞行。常将细长的嘴插入泥中取食，主要以昆虫、甲壳类和软体动物等小型无脊椎动物为食。营巢于芦苇、草丛的湿地或沼泽附近的干燥地。

卢济珍◎绘　　方楚雄◎配景

42. 海鸥
Larus canus

海鸥隶属鸟纲鸥形目鸥科，迁徙及越冬时广布于我国长江以南及华北、东北地区，夏季在我国以北及欧洲繁殖。常飞翔于江河、湖泊及近陆海面上空，或浮在水面。集群生活，主要以鱼、虾为食，也追随船只拣食其抛弃下的食物等。结群营巢于海岸、岛屿、河流岸边的地面或石滩上。

林淑然◎绘　　方楚雄◎配景

43. 普通燕鸥
Sterna hirundo

普通燕鸥隶属鸟纲鸥形目鸥科，繁殖于长江以北，在我国是夏季繁殖鸟和过境鸟。喜沿海水域，有时出现在内陆淡水区，常成小群活动，歇于突出的高地，如钓鱼台及岩石。飞行有力，从高处冲下海面取食。主要以小鱼、虾、甲壳类、昆虫等小型动物为食。营巢于湖泊、河流和岛屿岸边以及沼泽地与草地上。

卢济珍◎绘　　方楚雄◎配景

44. 珠颈斑鸠
Streptopelia chinensis

珠颈斑鸠隶属鸟纲鸽形目鸠鸽科，遍布我国东部及南方各地。栖息于开阔的低地、村庄周围及稻田，与人类共生，常成对立于开阔路面。觅食于地上，主要以谷物、豆类为食。繁殖于树上，偶尔也在地面或者建筑物上繁殖。以树枝在树杈间编筑简陋的编织巢。

卢济珍◎绘　　方楚雄◎配景

45. 绯胸鹦鹉
Psittacula alexandri

绯胸鹦鹉隶属鸟纲鹦形目鹦鹉科，分布于我国华南及喜马拉雅山脉一带。生活于山麓常绿阔叶林中，善攀登树枝；喜结群，会组成 10～50 只的群体漫游活动，在开阔上空低飞而过。鸣声粗厉响亮，甚为嘈杂，易于驯养，能模仿简单的人语。以浆果、坚果、植物的嫩枝和芽、谷物等为食。巢多筑在离地面 1.5～15 米不等的天然树洞里。为国家 II 级重点保护动物。

林淑然◎绘　　方楚雄◎配景

46. 大杜鹃
Cuculus canorus

大杜鹃隶属鸟纲鹃形目杜鹃科，夏季遍布我国各地。活动于开阔林地，树栖，常单独活动。晨昏常隐栖息于叶丛中鸣叫；飞行快速而有力，常循直线前进。主要以昆虫为食。不自营巢孵卵和育雏，产卵于雀形目鸟类巢中，雏鸟出壳后常把寄主的雏鸟挤出巢外。

卢济珍◎绘　　方楚雄◎配景

47. 褐翅鸦鹃
Centropus sinensis

　　褐翅鸦鹃隶属鸟纲鹃形目鸦鹃科，是我国南方的常见留鸟。喜林缘地带、次生灌木丛、多芦苇河岸及红树林。单个或成对活动，常下至地面，但也在小灌丛及树间跳动。叫声似远处的狗吠声。取食大型昆虫、小蜥蜴、蛇、鼠等。营巢于草丛、灌丛或攀缘植物中，巢距地面的高度为1～5米。为国家Ⅱ级重点保护动物。

卢济珍◎绘　　方楚雄◎配景

48. 草鸮
Tyto capensis

草鸮隶属鸟纲鸮形目草鸮科，分布于我国云南及安徽以南各地。罕见留鸟及冬候鸟。栖息于芦苇丛及长草丛中，在山坡、峡谷或开阔的高草地也可见；白天隐蔽，夜间或弱光时才出来活动。以鼠类、蛙、蛇、鸟卵等为食。营巢于树洞或岩隙中。为国家 II 级重点保护动物。

林淑然◎绘　　方楚雄◎配景

49. 斑头鸺鹠
Glaucidium cuculoides

斑头鸺鹠隶属鸟纲鸮形目鸱鸮科，广布于我国黄河以南至西藏各地。生活于丘陵地的森林中，冬季也见于平原开阔地带的零散树木上和灌木丛中，树栖，以夜间活动为主，但有时也白天活动，多在夜间和清晨鸣叫。主要以各种昆虫和幼虫为食，也吃鼠类、小鸟、蚯蚓、蛙和蜥蜴等。常营巢于树洞或天然洞穴中。为国家 II 级重点保护动物。

卢济珍◎绘　　方楚雄◎配景

50. 长耳鸮
Asio otus

长耳鸮隶属鸟纲鸮形目鸱鸮科，在我国繁殖于黄河以北及新疆西部，南迁至长江以南越冬。白天隐栖息于林木上或林间草丛中，黄昏始外出觅食；多单独或成对活动，但迁徙期间和冬季则常集群活动。以鼠类等啮齿动物为食，也吃小型鸟类、哺乳类和昆虫。营巢于森林之中，通常利用乌鸦、喜鹊或其他猛禽的旧巢，有时也在树洞中营巢。为国家 II 级重点保护动物。

林淑然◎绘　　方楚雄◎配景

51. 普通夜鹰
Caprimulgus indicus

普通夜鹰隶属鸟纲夜鹰目夜鹰科，在我国西藏为留鸟，其他地方为夏候鸟。栖息于海拔3000米以下的阔叶林和针阔叶混交林；夜行性，白天多蹲伏于林中草地上或卧伏在阴暗的树干上，单独或成对活动。飞行快速而无声，常在鼓翼飞翔之后伴随一阵滑翔。主要以昆虫为食，在飞行中捕食，尤以黄昏时捕食活动较频繁。营巢于林中树下或灌木旁地上。

卢济珍◎绘　　方楚雄◎配景

52. 小白腰雨燕
Apus affinis

小白腰雨燕隶属鸟纲雨燕目雨燕科，繁殖或留居于我国华南一带，迁徙时可见于华东沿海。栖息于村市楼房、海岸悬崖，集大群活动和繁殖。在开阔地上空捕食，觅食时疾飞于空中，张口捕食蚊、蝇等，并发出"呲呲"的叫声。营巢于屋檐下、悬崖或洞穴口，用植物细纤维和泥土为材料，加以亲鸟口涎或湿泥混合筑成。

卢济珍◎绘　　方楚雄◎配景

53. 三宝鸟
Eurystomus orientalis

三宝鸟隶属鸟纲佛法僧目佛法僧科，繁殖于我国东北直至西南及海南岛，偶见于台湾。北方的鸟南迁越冬，南方为留鸟。树栖性，常栖息于近林开阔地带枯树上。飞行姿态特殊，颠簸翻旋不定。主要以昆虫为食，偶尔起飞追捕过往的昆虫，或向下俯冲捕捉地面昆虫。营巢于树洞、崖壁或岩石窟窿，亦利用啄木鸟或喜鹊等的旧巢。

卢济珍◎绘　　田世光◎配景

54. 普通翠鸟
Alcedo atthis

普通翠鸟隶属鸟纲佛法僧目翠鸟科，全国均有分布。大部分地方终年留居。常栖息于开阔郊野的淡水湖泊、溪流、运河、鱼塘及红树林；常单独活动，平时常独栖息于近水边的树枝上或岩石上伺机猎食。食物以小鱼为主，兼吃甲壳类和多种水生昆虫及其幼虫，也啄食小型蛙类和少量水生植物。于水域岸边或附近陡直的土岩、砂岩壁上掘洞为巢。

卢济珍◎绘　　田世光◎配景

55. 蓝喉蜂虎
Merops viridis

蓝喉蜂虎隶属鸟纲佛法僧目蜂虎科，夏季繁殖于我国湖北及长江以南地区。海南为留鸟。喜近海低洼处的开阔原野及林地。少飞行或滑翔，宁呆在栖木上等待过往的昆虫，偶从水面或地面拾食昆虫。主要以各种蜂类为食，也吃其他昆虫。繁殖期群鸟聚于多沙地带，营巢于地洞中。

卢济珍◎绘　　田世光◎配景

56. 戴胜
Upupa epops

戴胜隶属鸟纲佛法僧目戴胜科，遍布我国各地，高可见至海拔 3000 米。性活泼，喜开阔潮湿地面。多单独或成对活动。羽冠平时向后折叠，一有惊动即竖起。长嘴在地面翻动寻找食物，以多种昆虫为食。在树洞或岩隙中营巢。

卢济珍◎绘　　田世光◎配景

57. 冠斑犀鸟
Anthracoceros albirostris

冠斑犀鸟隶属鸟纲佛法僧目犀鸟科，分布于我国云南南部、广西南部和西藏东南部。喜较开阔的森林及林缘，成对或喧闹成群；振翅飞行或滑翔在树间。喜食昆虫多于果实。营巢于树洞或悬崖岩洞。为国家Ⅰ级重点保护动物。

卢济珍◎绘　　田世光◎配景

58. 大斑啄木鸟
Dendrocopos major

大斑啄木鸟隶属鸟纲䴕形目啄木鸟科，我国各地终年可见。活动在森林及多树地带，栖于树干或树枝上。脚适于攀缘树干，尾羽坚硬，啄树木时支撑身体。啄或探入树皮下或朽木中寻食昆虫，并用长而黏的舌头拣食昆虫。啄树洞作巢繁殖。

卢济珍◎绘　　方楚雄◎配景

59. 蒙古百灵
Melanocorypha mongolica

蒙古百灵隶属鸟纲雀形目百灵科，分布于我国北部及中部。栖息于草原、半荒漠等开阔地区，尤其喜欢草本植物生长茂密的湿草原地区。繁殖期常单独或成对活动，非繁殖期则喜成群。善奔跑，亦善飞翔，能从地面直冲而上，飞入高空，在空中边飞边鸣，鸣声响亮，婉转动听。以草籽、植物种子及昆虫为食。

卢济珍◎绘　　方楚雄◎配景

60. 云雀
Alauda arvensis

云雀隶属鸟纲雀形目百灵科，冬季于我国北方常见。栖息于长有短草的开阔地区，如开阔的平原、草地、低山平地、沼泽、河边、沙滩、草丛等；常集群活动，地栖生活。鸣声高昂悦耳，能于高空振翅飞行时鸣唱。食性杂，以植物种子、昆虫等为食。于地面营巢。

卢济珍◎绘　　方楚雄◎配景

61. 家燕
Hirundo rustica

家燕隶属鸟纲雀形目燕科，几乎遍布全世界，繁殖于北半球，于我国大部分地区有繁殖，冬季南迁。部分在云南、广东南部及海南岛的为留鸟。生活于平原地带居民点附近；在高空滑翔及盘旋，或低飞于地面或水面，常见疾飞空中张口兜捕飞虫。以蚊、蝇、昆虫等为食。用塘泥混以草根、唾液等筑巢于梁间檐下。

卢济珍◎绘　　田世光◎配景

62. 金腰燕
Hirundo daurica

金腰燕隶属鸟纲雀形目燕科,分布与家燕近似。常停栖在山区海拔较高的地方,在平原时常与家燕混飞一起活动。食性、习性与家燕相似。

卢济珍◎绘　　方楚雄◎配景

63. 赤红山椒鸟
Pericrocotus flammeus

赤红山椒鸟隶属鸟纲雀形目山椒鸟科，分布于我国云南至福建中部以南地区。栖息于山地或平原的树林中；集群活动，常成群分散活动在树冠层，从一棵向另一棵树转移，很少停息。主要以昆虫为食。营巢于茂密森林的中乔木上，也有在小树上。

卢济珍◎绘　　田世光◎配景

64. 太平鸟
Bombycilla garrulus

太平鸟隶属鸟纲雀形目太平鸟科，于我国东北及中北部越冬，偶至长江流域、新疆西部。集群生活，通常活动在树木顶端和树冠层。主要以浆果和昆虫为食。营巢于针叶林或针阔叶混交林中的树上。

卢济珍◎绘　　田世光◎配景

65. 红尾伯劳
Lanius cristatus

红尾伯劳隶属鸟纲雀形目伯劳科，夏季几遍我国长江以北，迁徙时或冬季见于南方。主要栖息于低山丘陵和山脚平原地带的灌丛、疏林和林缘地带，常在较固定的栖点，如树枝、电线上停栖。性凶猛。以昆虫及其他小型脊椎动物为食。在树上筑巢产卵。

卢济珍◎绘　　田世光◎配景

66. 黑枕黄鹂
Oriolus chinensis

黑枕黄鹂隶属鸟纲雀形目黄鹂科，广布于我国东部，在云南、台湾和海南岛全年可见。栖息于开阔林、人工林、村庄及红树林，成对或以家族为群活动；常留在树上，但有时也会下至低处捕食昆虫。飞行呈波状，振翼幅度大，缓慢而有力。营巢于阔叶林内高大乔木上。

卢济珍◎绘　　方楚雄◎配景

67. 八哥
Acridotheres cristatellus

八哥隶属鸟纲雀形目椋鸟科，分布于我国秦岭以南。华南和西南一带常见留鸟。集小群生活，主要栖息于海拔 2000 米以下的低山丘陵和山脚平原地带的次生阔叶林、竹林和林缘疏林中，也栖息于农田、牧场、果园和村寨附近的大树上，有时还栖息于屋脊上或田间地头。杂食性。营巢于树洞、建筑物洞穴中。

林淑然◎绘　　方楚雄◎配景

68. 喜鹊
Pica pica

喜鹊隶属鸟纲雀形目鸦科，留居全国各地。适应性强，在山区、平原都有栖息，大多成对生活。杂食性，在旷野和田间觅食，繁殖期捕食昆虫、蛙类等小型动物，也盗食其他鸟类的卵和雏鸟，兼食瓜果、谷物、植物种子等。常营巢于高大树木的树冠顶端。为我国传统上象征喜兆之鸟。

卢济珍◎绘　　田世光◎配景

69. 秃鼻乌鸦
Corvus frugilegus

秃鼻乌鸦隶属鸟纲雀形目鸦科,分布于我国长江中下游及以北地区和新疆西部等,越冬于东南沿海各地。集群生活于平原耕作区;白天到农田、草地、道路、垃圾堆、禽畜舍附近觅食,晚上在村旁或近山的树林栖息,是进食及营巢都结群的社群性鸟类。食物甚杂,垃圾、腐尸、昆虫、植物种子都有。用树枝营巢于大树上。

卢济珍◎绘　　方楚雄◎配景

70. 红喉歌鸲
Luscinia calliope

红喉歌鸲隶属鸟纲雀形目鹟科，于我国东北和西北部繁殖，迁徙时遍布华南和华东。栖息于森林密丛及次生植被中，一般在近溪流处；地栖性，常奔走于平原的草丛、芦苇丛、灌木丛中。主要以昆虫为食。营巢于灌丛或草丛掩蔽的树丛地面上。

卢济珍◎绘　　田世光◎配景

71. 画眉
Garrulax canorus

画眉隶属鸟纲雀形目画眉科，分布于我国华中、华南及东南。栖居于山区的竹林、灌丛以及水边的芦苇丛中，成对或成小群活动。机灵又胆怯，且好隐匿，常常在密林中飞蹿而行，或立于茂密的树梢枝杈间鸣叫。常在林下的草丛中觅食，杂食性，但全年食物以昆虫为主，尤其在繁殖季节。多营巢于灌丛。

卢济珍◎绘　　田世光◎配景

72. 红嘴相思鸟
Leiothrix lutea

红嘴相思鸟隶属鸟纲雀形目画眉科，广布于我国长江流域及以南地区直至喜马拉雅山脉一带。集群生活，栖息于森林下层的竹、灌丛中。性活泼。觅食于林木间，主要以昆虫为食，也吃植物果实、种子等植物性食物。多营巢于灌木侧枝或小树枝杈上抑或竹枝上。

卢济珍◎绘　　田世光◎配景

73. 黄腰柳莺
Phylloscopus proregulus

黄腰柳莺隶属鸟纲雀形目莺科，繁殖于我国东北、黄河上游及西南部至喜马拉雅山脉一带，迁徙时经我国沿海至长江以南越冬。栖息于亚高山林，夏季可见至海拔 4200 米，越冬于低地林区及灌丛可见。迁徙期间常成小群活动，繁殖期间单独或成对活动，常活动于树顶枝叶层中。主要以昆虫为食。多营巢于乔木或灌丛中。

卢济珍◎绘　　方楚雄◎配景

74. 长尾缝叶莺
Orthotomus sutorius

长尾缝叶莺隶属鸟纲雀形目莺科，分布于我国华南、东南和海南。多见于稀疏林、次生林及园林，常隐匿于林下层且多在浓密覆盖之下。性活泼。主要以昆虫为食。在带刺的荆棘堆里筑巢，用纤维将大叶片缝成袋，然后营巢其中，缝袋时一亲鸟穿线，另一亲鸟提拉，合力而成。

卢济珍◎绘　　方楚雄◎配景

75. 大山雀
Parus major

　　大山雀隶属鸟纲雀形目山雀科，几遍布我国。栖息于低山和山麓地带的次生阔叶林、阔叶林和针阔叶混交林中，也有出入于人工林和针叶林；成对或成小群活动。性较活泼且大胆，不甚畏人。主要以昆虫为食。通常营巢于天然树洞中，也利用啄木鸟废弃的巢洞和人工巢箱，有时也在土崖或石隙中营巢。

卢济珍◎绘　　田世光◎配景

76. 叉尾太阳鸟
Aethopyga christinae

叉尾太阳鸟隶属鸟纲雀形目太阳鸟科，分布于我国东南、华南及海南。栖息于森林及有林地区甚至城镇；常单独活动，有时成对，在开花的矮树木丛生活，且能悬飞在枝头食蜜。主要以花蜜为食，也食种子和昆虫。在藤本灌木丛上营巢，巢呈梨形，悬挂于树枝上。

卢济珍◎绘　　田世光◎配景

77. 树麻雀
Passer montanus

树麻雀隶属鸟纲雀形目麻雀科，遍布全国。主要栖息于人类居住的环境，无论山地、平原、丘陵、草原、沼泽、农田，还是城镇和乡村，在有人类集居的地方多有分布；集群生活。食性较杂，主要以谷粒、草籽、种子、果实等植物性物质为食，繁殖期间也吃大量昆虫，特别是雏鸟，几乎全以昆虫和昆虫幼虫为食。

卢济珍◎绘　　田世光◎配景

78. 金翅雀
Carduelis sinica

金翅雀隶属鸟纲雀形目燕雀科，分布于我国东北、华东、华南大部分地区。栖息于灌丛、旷野、人工林、园林及林缘地带，高可见至海拔 2400 米；常单独或成对活动，秋冬季节也成群。主要以植物果实、种子、草籽等为食。营巢于树上。

卢济珍◎绘　　田世光◎配景

79. 黑尾蜡嘴雀
Eophona migratoria

黑尾蜡嘴雀隶属鸟纲雀形目燕雀科，繁殖于我国黑龙江流域至长江中下游，迁徙时经沿海至华南越冬。栖息于低山和山脚平原地带的阔叶林、针阔叶混交林、次生林和人工林中，冬季结大群活动。以植物果实和种子为食。营巢于树上。

林淑然◎绘　　方楚雄◎配景

80. 黄胸鹀
Embriza aureola

黄胸鹀隶属鸟纲雀形目燕雀科,繁殖于我国东北和新疆,迁徙时纵贯全国而至我国大陆极南部、台湾、海南越冬。栖息于大面积的稻田、芦苇地或高草丛及湿润的荆棘丛;不喜欢茂密的森林,是典型的河谷草甸灌丛草地鸟类。繁殖季节主要以昆虫为食,迁徙期间主要以谷子、稻谷、高粱、麦粒等农作物为食。营巢于草丛中或灌木与草丛下的浅坑内。

卢济珍◎绘　　田世光◎配景

五

兽类

注：兽类分类系统参考《中国哺乳动物多样性及地理分布》（蒋志刚等，2015）

1. 东北刺猬

Erinaceus amurensis

东北刺猬隶属哺乳纲劳亚食虫目猬科，分布于我国中部和东部。栖息于山地森林、草原或荒地灌木、耕地及草丛中；单独活动，夜行性，10月进入蛰伏，春天苏醒，冬眠期3～5个月。挖食地栖的无脊椎动物。在树根、倒木和石隙中做窝。

林淑然◎绘　　方楚雄◎配景

2. 棕果蝠
Rousettus leschenaultii

棕果蝠隶属哺乳纲翼手目狐蝠科，分布于我国云南西双版纳、福建、广西南部和海南岛。是典型的热带和亚热带蝙蝠种类，不冬眠。常群栖息于石灰岩洞中，集群可达2000多只，夜间外出活动。以野果和水果为食，也吃某些植物的花朵，群体可随食物供求而转移。

岩 崑◎绘　　方楚雄◎配景

3. 皱唇犬吻蝠
Tadarida plicata

皱唇犬吻蝠隶属哺乳纲翼手目犬吻蝠科，分布于我国云南、广西、广东、香港、贵州、甘肃和海南岛。是热带和亚热带蝙蝠种类。性喜群栖，常集群于岩洞或旧建筑物中。昼伏夜出，觅食空中蚊虫。

岩 崑◎绘

4. 北树鼩
Tupaia belangeri

北树鼩隶属哺乳纲攀鼩目树鼩科，分布于我国云南、广西、四川、贵州和海南岛等地。最高可栖息于海拔 3000 米的热带至亚热带森林。生活于树洞内，主要在晨昏活动，也可在任何时间活动。食性杂，食昆虫、植物种子、果实和鸟卵等。已逐渐被用作医学和生物学研究模型。

岩 崑◎绘　方楚雄◎配景

5. 猕猴
Macaca mulatta

猕猴隶属哺乳纲灵长目猴科，分布于我国长江以南和山西、河南、河北等地。栖息于森林、林地、海岸灌丛及有灌丛和树木的岩石地区，对环境适应性强；集群生活。以野果、嫩枝叶等为食，也吃昆虫和鸟卵等。为国家Ⅱ级重点保护动物。

林淑然◎绘　　方楚雄◎配景

6. 短尾猴
Macaca arctoides

短尾猴隶属哺乳纲灵长目猴科，分布于我国西南部和南部。栖息于山地地区的高地森林中，受气候和植物物候期的影响，有明显的季节性垂直迁移现象；集群生活，聚集50只以上的多雄群，其中一头雄猴为王。成年雄猴颜面鲜红色。以野果、种子、昆虫、小型无脊椎动物等为食。为国家Ⅱ级重点保护动物。

岩　崑◎绘　　方楚雄◎配景

7. 熊猴
Macaca assamensis

熊猴隶属哺乳纲灵长目猴科，分布于西藏、云南南部和广西等地。栖息于丘陵和山地地区的常绿林及落叶林中，栖居生境海拔多在2500米左右，具耐寒性；集群生活，10～15只组成一个小群，一般每群仅有一只成年雄性。杂食性，冬季常下山盗食农作物。为国家Ⅱ级重点保护动物。

林淑然◎绘　　方楚雄◎配景

8. 黑叶猴
Trachypithecus francoisi

黑叶猴隶属哺乳纲灵长目猴科，分布于广西、贵州和重庆等地。栖息于常绿季雨林的有森林或灌木丛的石灰岩裸岩地带；活动于低海拔地区，集小群生活，以3～9只为最常见，单雄群。以植物的嫩枝、叶、花、果为食，也食昆虫和鸟卵等。利用山洞藏身和产仔。为国家Ⅰ级重点保护动物。

林淑然◎绘　　方楚雄◎配景

9. 川金丝猴
Rhinopithecus roxellanae

川金丝猴隶属哺乳纲灵长目猴科，我国特有种，分布于四川、甘肃、陕西、湖北等。栖息于海拔2000～3000米的亚高山针叶林，冬季下移至阔叶林和混交林，树栖，很少下地生活；集群生活，几十至几百只为一群，每个大集群以家族性小集群为活动单位。以各种松果和植物嫩枝叶为食。为国家Ⅰ级重点保护动物。

岩 崑◎绘　方楚雄◎配景

10. 黑长臂猿
Nomascus concolor

黑长臂猿隶属哺乳纲灵长目长臂猿科，我国分布于云南。栖息于海拔500～3000米的常绿、半常绿森林中，完全营树栖生活，夜宿高树上；家族式群居，每群通常3～6只，有一定的活动领地。常以"臂行法"攀附跳跃于枝丫间，行动敏捷。叫声清晰、嘹亮，数里外可闻。以野果、嫩枝叶为食，也觅食昆虫、鸟卵、雏鸟等。为国家Ⅰ级重点保护动物。

岩 崑◎绘　方楚雄◎配景

11. 中国穿山甲
Manis pentadactyla

中国穿山甲隶属哺乳纲鳞甲目鲮鲤科，产于我国南方各地。栖息于丘陵山地的树林、灌丛、草丛中；白天蜷缩于洞内，夜间外出觅食，独居。能泅渡；能循蚁迹上树；嗅觉灵，善于识别蚁巢所在，以强健的前肢趾爪挖开蚁巢，戳穿巢壁，用长而有黏性的舌取食。主食白蚁和蚂蚁。目前，穿山甲是比大熊猫更濒危的哺乳类动物，为国家Ⅱ级重点保护动物。

林淑然◎绘　　方楚雄◎配景

12. 华南兔
Lepus sinensis

华南兔隶属哺乳纲兔形目兔科，分布于我国南部、东南部和台湾。栖息于开阔的草地边缘及山村灌木植被中，一般不挖洞，多在凹坎下或草丛中营窝；夜行性，但白天也能见到。善跑跳，遇敌时迅速窜入草丛。纯草食性动物，采食各种杂草、树叶、植物花芽、果实、种子、蔬菜、瓜果、根茎等。

岩　崑◎绘　方楚雄◎配景

13. 海南巨松鼠
Ratufa bicolor hainana

海南巨松鼠隶属哺乳纲啮齿目松鼠科，巨松鼠海南亚种，分布于海南岛。栖息于高树上，为典型的树栖种；喜欢独栖，很少集群，偶见2～3只于同一树上取食。晨昏最活泼，性机警，跳跃力强。主食树果，食物缺乏时才食嫩叶和花蕊。以树洞作藏身处，产仔期用树叶和树枝筑大巢。为国家Ⅱ级重点保护动物。

林淑然◎绘　　方楚雄◎配景

14. 中国豪猪
Hystrix hodgsoni

中国豪猪隶属哺乳纲啮齿目豪猪科，广布于我国南部和中部，包括海南。栖息于森林和开阔田野，营家族性洞居，洞口多个，隐于浓密的草丛；夜行性，单独或成小群活动，常循固定的路线觅食。遇敌时摇动尾棘作响，喷鼻息和跺脚"噗噗"有声。以根、块茎、树皮、草本植物和落下的果实为食。

林淑然◎绘　　方楚雄◎配景

15. 白鱀豚
Lipotes vexillifer

白鱀豚隶属哺乳纲鲸偶蹄目白鱀豚科，为我国特有种，分布于长江中下游的干流，洞庭湖、鄱阳湖和钱塘江口一带。随汛期上溯内湖，干水期洄游入江；历史上有2~6头的小群体，最多可达15头，现在极难寻觅，多数情况仅见单独个体，群体最多4头。每10~30秒呼吸一次，头先露出水面。食物为鱼类。为国家 I 级重点保护动物，已被推定为功能性灭绝。

岩 崑◎绘

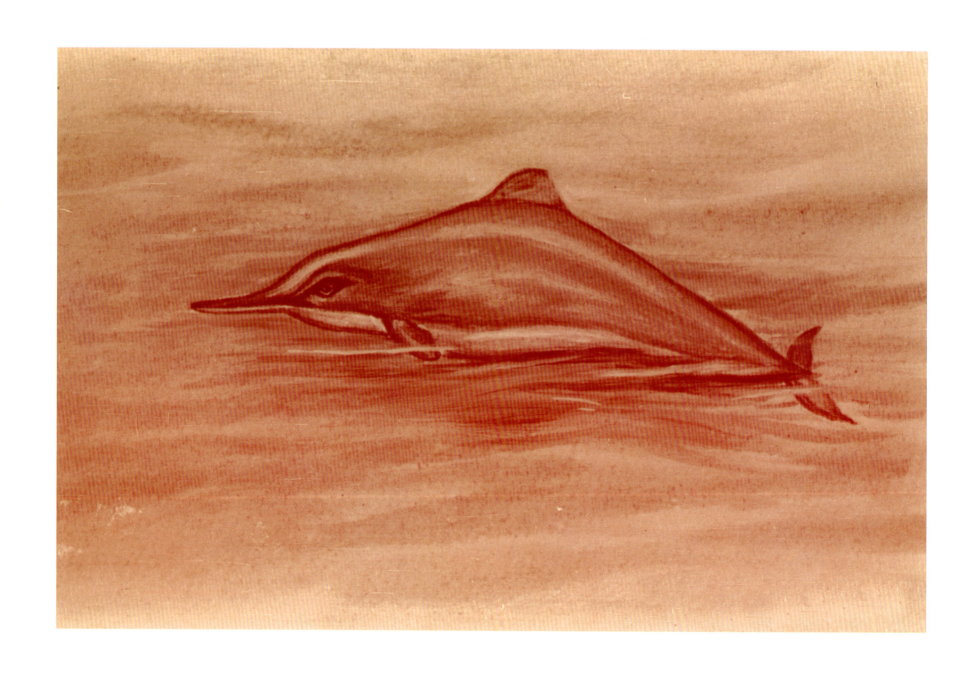

16. 抹香鲸
Physeter catodon

抹香鲸隶属哺乳纲鲸偶蹄目抹香鲸科，产于世界各大洋中，我国东海、南海有分布，在台湾以南海海域较多。喜欢在热带、亚热带的温暖海域活动；喜群居，往往由少数雄鲸和大群雌鲸、仔鲸结成数十头，甚至二三百头的大群。在海面游泳时，每隔2～3分钟呼吸一次，深潜水可达数百米、一小时以上。主食大乌贼和鱿鱼等。为国家Ⅱ级重点保护动物。龙涎香是抹香鲸的肠道内的蜡状物质，最大的有60公斤，是著名的四大香料之一。

岩 崑◎绘

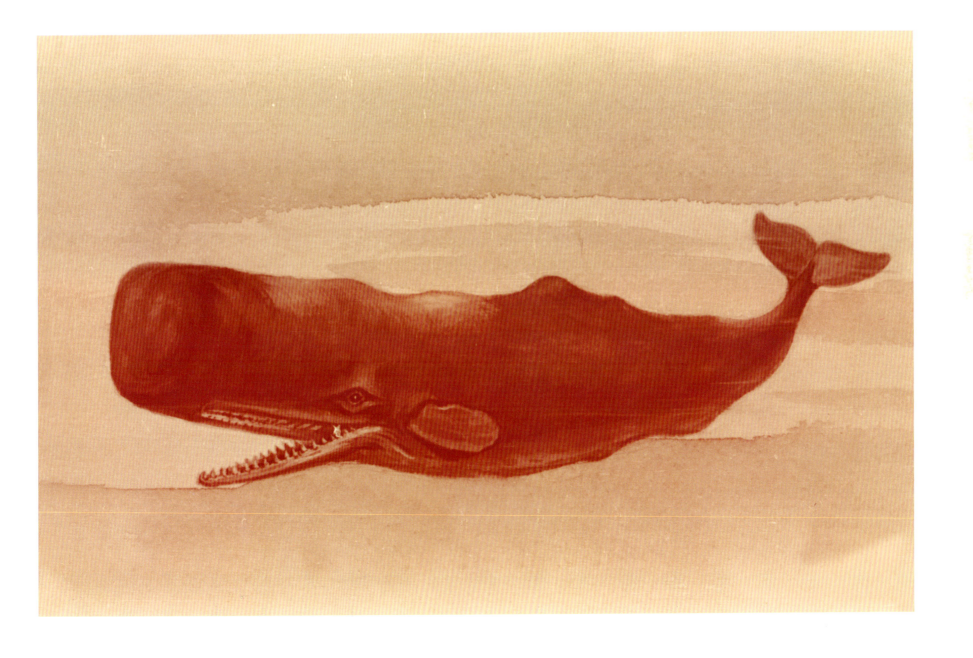

17. 长江江豚
Neophocaena asiaeorientalis

长江江豚隶属哺乳纲鲸偶蹄目鼠海豚科，我国特有种，生活于长江。小群或单独活动，也见过12～15头的群体；可向上游游很远的距离。性情活泼，常在水中上游下窜，身体不停地做出翻滚、跳跃、点头、喷水、突然转向等动作。能发出很独特的声音并伴随一个窄的声呐波段，因此很容易监控数量。主食鱼、虾和乌贼类。为国家Ⅱ级重点保护动物。

林淑然◎绘

18. 狼
Canis lupus

狼隶属哺乳纲食肉目犬科，我国除台湾、海南岛等少数地区外，广泛分布于全国。栖息地范围很广，包括山地、苔原、森林、草原、高海拔地区、丘陵、荒漠等。社会性动物，一般由5～8只或更多个体形成家庭群。狼群具有严格的等级制度，由一对优势配偶领导，一夫一妻制，共同抚育后代。主要捕食中大型哺乳动物，具有高度适应性。

岩　崑◎绘　　方楚雄◎配景

19. 貉
Nyctereutes procyonoides

貉隶属哺乳纲食肉目犬科，分布于我国中部、南部和东部。栖息于阔叶林中开阔且接近水源的地方或开阔草甸、茂密的灌丛带和芦苇地；夜行性，独居，有时以家庭群生活或成对觅食。食性杂，主食鱼和鼠类，常到溪边或洼地捕食各种小动物，也食植物性食物。是犬科动物中唯一一种在冬季休眠的动物。

岩 崑◎绘　方楚雄◎配景

20. 赤狐
Vulpes vulpes

赤狐隶属哺乳纲食肉目犬科，几乎广布于全国。栖息范围较广，从荒漠到森林再到大都市城区，是群落交错环境中的捕食者，适应片段化的农业区和城市区，活动范围大，领地不重叠；夜行性，会贮存剩余食物。食性很杂，主要捕食小型地栖哺乳动物、松鼠，也包括鸟类、蛙类、昆虫类、植物及其浆果等。

岩 崑◎绘　　方楚雄◎配景

21. 黑熊
Ursus thibetanus

黑熊隶属哺乳纲食肉目熊科，广布于我国中部、南部、西南部和东北部。多栖息于混交林或阔叶林中，有垂直迁徙的习惯，夏登高山，冬迁低谷。善于攀爬，独居，嗅觉和听觉灵敏，视觉差。北方黑熊有冬眠习惯，常蹲坐于密林深处的阳坡树洞或岩洞中。食性杂，以野果、树枝叶为主食，也食虫、蛹、卵和其他小动物；爱食蜂蜜。为国家 II 级重点保护动物。

岩　崑◎绘　　方楚雄◎配景

22. 棕熊
Ursus arctos

棕熊隶属哺乳纲食肉目熊科，分布于我国西部和东北部。栖息于茂密的森林、亚高山山地和苔原；夜行性，晨昏活动；除带仔雌熊外，多数情况下独居，有冬眠习性。善游泳，行动缓慢，但奔跑速度快；嗅觉极佳，视力也很好，在捕鱼时能够看清水中的鱼类。主食植物，也食昆虫、啮齿类、有蹄类和鱼类等。为国家II级重点保护动物。

岩 崑◎绘　　方楚雄◎配景

23. 大熊猫
Ailuropoda melanoleuca

大熊猫隶属哺乳纲食肉目大熊猫科，我国特有物种，产于四川、陕西、甘肃等地的局部地区，数量稀少。栖息于海拔 1200～3000 米的高山竹林中，冬季有时下移至低海拔地区；在树上和洞穴中隐蔽，主要是地栖性，但也善于攀爬和游泳；独居，夜行性，晨昏活动。以竹类为主食，咀嚼及消化能力极强，成体每天消耗 12～15 公斤的食物。为国家 I 级重点保护动物。

柯培峰◎绘

24. 小熊猫
Ailurus fulgens

小熊猫隶属哺乳纲食肉目小熊猫科，分布于我国西南部。栖息于海拔1500～4000米的喜马拉雅生态系统的温带森林；独居，夜行性，有时形成2～5只的小群，可以快速爬树，但一般在地面觅食。食物与大熊猫相似，食竹叶而弃其茎，也觅食小型脊椎动物、植物果实、小鸟和鸟卵。是食肉目中代谢率最低的动物。为国家Ⅱ级重点保护动物。

林淑然◎绘　　方楚雄◎配景

25. 黄鼬
Mustela sibirica

黄鼬隶属哺乳纲食肉目鼬科，广布于我国中部、东部、南部和西北部。栖息于茂密的原始林和次生林、森林草原及海拔 1500～5000 米的山地，常见于河谷、接近沼泽以及有茂盛地表植被的地区；夜行性，晨昏活动，独居，会保护领地，会贮存食物。体内具有臭腺，可以排出臭气。以老鼠等小型啮齿类为主食，也食鸟、蛇、蛙、鱼、虫及植物浆果等。

岩 崑◎绘　　方楚雄◎配景

26. 水獭
Lutra lutra

水獭隶属哺乳纲食肉目鼬科，分布于我国大部分地区。生活于从海平面到海拔4000米的淡水区域，常在溪流岸边的树根、树墩、苇、灌丛中挖洞而居；独居，夜行性，晨昏活动，仅在交配时雌雄相伴。善游泳和潜水。主要以鱼类为食，偶尔食蛙类、鸟类、水禽、兔类和啮齿类。为国家II级重点保护动物。

岩 崑◎绘　方楚雄◎配景

27. 紫貂
Martes zibellina

紫貂隶属哺乳纲食肉目鼬科,分布于我国东北小兴安岭和长白山一带。栖息于浓密的针叶林和针阔叶混交林中,主要为地栖性,但也可爬树;独居,居树洞、树根或石缝中;昼夜均能活动觅食,但以夜间居多,会因食物的丰度和气候变化而迁移。以啮齿类小动物为主食,也食植物种子和浆果。为国家 II 级重点保护动物。

林淑然◎绘　　方楚雄◎配景

28. 大灵猫
Viverra zibetha

大灵猫隶属哺乳纲食肉目灵猫科，分布于我国中部和南部。白天隐匿于密林、地穴或树洞里，夜间活动于林缘旷野或山寨田边，多在地面活动，遇险时上树躲避；独居，具有领地性。主要为肉食性，吃鸟类、蛙类、蛇类、小型哺乳动物、卵、螃蟹、鱼，也食野果、青草等。为国家Ⅱ级重点保护动物。

岩 崑◎绘　　方楚雄◎配景

29. 小灵猫
Viverricula indica

小灵猫隶属哺乳纲食肉目灵猫科，分布于我国中部、南部和西南部。栖息于森林、灌丛、土丘、草丛，也常见于农业区和村庄附近；住老树根下的洞穴，夜行性，上半夜活动最频繁，但有时也在白天捕猎。能缘木捕鸟，但以地面活动为主。嗜食老鼠等小型动物，也觅食蛇、蛙、小鸟、蜥蜴、虫和野果等。为国家 II 级重点保护动物。

岩　崑◎绘　　方楚雄◎配景

30. 果子狸
Paguma larvata

果子狸隶属哺乳纲食肉目灵猫科，分布于我国南部、中部和东部。可见于多种森林栖息地，从原始常绿林到落叶次生林，还经常光顾农业区；树栖，夜行性，喜欢在黄昏、夜间和日出前活动，营家族性生活。主食植物果实和根，也吃鸟类、啮齿类、昆虫等。

岩 崑◎绘　方楚雄◎配景

31. 金钱豹
Panthera pardus

金钱豹隶属哺乳纲食肉目猫科,分布于我国东部、中部和南部,但数量十分稀少。适应性强,见于多种生境类型,从有岩石和灌丛的开阔地到茂密的热带雨林。行动敏捷,奔跑迅速,又善游泳和爬树。主要捕食大型有蹄类,但也随生境改变食谱。为国家Ⅰ级重点保护动物。

岩 崑◎绘　　方楚雄◎配景

32. 云豹
Neofelis nebulosa

云豹隶属哺乳纲食肉目猫科，分布于我国东南部。主要栖息于原始常绿热带和亚热带森林中；善爬树，多在树上栖息，夜行性，独居。以捕食各种中小型偶蹄动物为主，也捕捉野兔和雉科鸟类。数量已甚稀少，为国家Ⅰ级重点保护动物。

岩 崑◎绘　方楚雄◎配景

33. 雪豹
Uncia uncia

雪豹隶属哺乳纲食肉目猫科，分布于我国青海、新疆、西藏、内蒙古、四川等地。属较大型食肉猛兽。通常生活于海拔为 3000～4500 米的高山寒冷地区，喜欢悬崖峭壁、岩石裸露和断裂地形；常单独活动，以伏击或潜行两种方式袭击猎物。以偶蹄动物为主食，有时也捕食野兔等啮齿动物。为国家Ⅰ级重点保护动物。

岩 崑◎绘　方楚雄◎配景

34. 猞猁
Lynx lynx

猞猁隶属哺乳纲食肉目猫科，分布于我国西部、北部和东北部。主要栖息于高山密林中，也出现在落叶林、干草原、山地和高山区。行动敏捷，善爬树，听觉、视觉皆发达。以野兔、旱獭、鼠兔、小型有蹄类和鸟类为食，偶尔也捕杀大型鹿类。为国家Ⅱ级重点保护动物。

林淑然◎绘　　方楚雄◎配景

35. 东北虎
Panthera tigris altaica

东北虎隶属哺乳纲食肉目猫科，我国黑龙江和吉林有分布。是现存虎中体形最大者。栖居于森林、灌木和野草丛生的地带；独居，无定居，夜行性，具领域行为，活动范围可达 100 平方公里以上。感官敏锐，性凶猛，行动迅捷，善游泳、爬树。主要以大型哺乳动物为食。现存数量稀少，分布区域狭窄，为国家 I 级重点保护动物。

岩 崑◎绘　方楚雄◎配景

36. 华南虎
Panthera tigris amoyensis

华南虎隶属哺乳纲食肉目猫科，分布于我国南方福建、广东、湖南、江苏和江西。属南方最大型的肉食猛兽，体形比东北虎稍小。主要栖息于森林山地，多单独生活，不成群；多在夜间活动。嗅觉发达，行动敏捷，善于游泳，但不善于爬树。为国家Ⅰ级重点保护动物，最后踪迹记录为20世纪90年代，部分专家认为其在野外已灭绝。

岩崑◎绘　方楚雄◎配景

37. 儒艮
Dugong dugon

儒艮隶属哺乳纲海牛目儒艮科，分布于我国东海和南海。集小群栖息于浅海岸带，有时也可见于距海岸较远的深海域；每次潜水数分钟，在水面短时间换气。植食性，主要食海草。因雌性偶有怀抱幼崽于水面哺乳之习惯，故常被误认为"美人鱼"。由于海岸开发和海港建设，清除了其食物来源的水草海岸，数量已极为稀少，为国家Ⅰ级重点保护动物。

林淑然◎绘

38. 亚洲象
Elephas maximus

亚洲象隶属哺乳纲长鼻目象科，在我国仅产于云南西南部。是陆栖动物中体形最大的动物。栖居于热带森林，尤喜在稀树草原、竹和阔叶树林间活动；集小型母系家族群，每群数头或数十头不等，由一头成年雌象作为群体首领带领活动，没有固定的住所，在林中游走后常形成明显的象路。植食性，食谱广泛，尤其喜爱禾本科和棕榈科植物。为国家Ⅰ级重点保护动物。

林淑然◎绘　　方楚雄◎配景

39. 普氏野马
Equus ferus

普氏野马隶属哺乳纲奇蹄目马科,曾分布于我国新疆、甘肃、内蒙古等地。栖息于山地草原和荒漠;一般由强壮雄马为首领,结成 5～20 头的马群,营游移生活。性机警,善奔跑。野外种群已近 50 年未有记录,现均为人工驯养的后代,为国家 I 级重点保护动物。

林淑然◎绘　　方楚雄◎配景

40. 蒙古野驴
Equus hemionus

蒙古野驴隶属哺乳纲奇蹄目马科，曾分布于我国新疆、内蒙古等地。典型的荒漠动物，栖息于干旱草原和山地区域，通常以一匹雄驴为首结成小群生活。能够长时间地忍耐缺水。当草类丰富时主要食草，也啃食各种荒漠灌木。为国家Ⅰ级重点保护动物。

林淑然◎绘　　方楚雄◎配景

41. 野猪
Sus scrofa

野猪隶属哺乳纲鲸偶蹄目猪科，除干旱荒漠和高原外，全国分布。是家猪的祖先。栖息于山地草丛和灌木丛中，也经常在森林中活动，通常集小群生活。行动机警，嗅觉灵敏。杂食性，觅食野果，也挖掘地下昆虫和植物块根为食，还常盗食稻谷、玉米和甘薯等。

林淑然◎绘　　方楚雄◎配景

42. 双峰驼
Camelus bactrianus

双峰驼隶属哺乳纲鲸偶蹄目骆驼科,仅产于我国新疆东南部、甘肃和青海的西北部。栖息于干草原、山地荒漠、半荒漠草原和干旱灌丛地带,有一整套适应荒漠生活的能力体系,使其能够抵抗冬季零下温度的严寒和夏季的酷热。主要以荒漠植物为食。为国家Ⅰ级重点保护动物。

林淑然◎绘　　方楚雄◎配景

43. 林麝
Moschus berezovskii

林麝隶属哺乳纲鲸偶蹄目麝科,分布于我国中部和南部。栖息于海拔 2000～3000 米的针叶林、阔叶林和针阔叶混交林中,大多于黄昏到黎明之间活动,独居,植食性。为国家Ⅰ级重点保护动物。传统名贵中药(香料)麝香是雄性林麝的分泌物,用于标志领地和吸引配偶。

林淑然◎绘　方楚雄◎配景

44. 赤麂
Muntiacus muntjak

赤麂隶属哺乳纲鲸偶蹄目鹿科，分布于我国南部。栖息于山地林区，常单独或成对活动，多在夜间或清晨、黄昏觅食各种青草及嫩树叶，白天隐蔽在灌丛中休息。习性胆小谨慎，活动范围很固定。

林淑然◎绘　　方楚雄◎配景

45. 水鹿
Rusa unicolor

水鹿隶属哺乳纲鲸偶蹄目鹿科,分布于我国南部和西南部热带及亚热带地区。栖息于热带森林、灌丛、丘陵和次生沼泽;常独居或组成小的母子群,活动于水边。觅食各种青草及嫩枝叶。为国家Ⅱ级重点保护动物。成年雄鹿角会自然脱换,长出的嫩角为"鹿茸",硬化后变成"鹿角"。

林淑然◎绘　　方楚雄◎配景

46. 毛冠鹿
Elaphodus cephalophus

毛冠鹿隶属哺乳纲鲸偶蹄目鹿科，分布于我国南部。栖息于高湿森林靠近水源处，常活动于海拔1000～4000米的山上；性隐秘，晨昏活动，常单独或成对出现。善奔跑，遇敌即向山顶飞奔，越岭潜逃。觅食各种青草及嫩枝叶。

林淑然◎绘　　方楚雄◎配景

47. 梅花鹿
Cervus nippon

梅花鹿隶属哺乳纲鲸偶蹄目鹿科，曾广布于我国东部，目前大部分地区的野生种群已绝迹。栖息于树林或森林下茂密的下层植被中；晨昏活动，有时白天和夜晚都活动。奔跑迅速，跳跃能力很强，尤其擅长攀登陡坡。单独或成小群到开阔草地觅食，吃草、树叶及果实。为国家 I 级重点保护动物。

林淑然◎绘　　方楚雄◎配景

48. 海南坡鹿
Rucervus eldi hainanus

海南坡鹿隶属哺乳纲鲸偶蹄目鹿科，仅产于我国海南岛，野外几乎灭绝，目前种群为围栏圈养。栖息于较开阔、低海拔的季节性森林中，集小群或大群生活。视觉和听觉锐利，奔跑迅速，善于跳跃。主食青草和嫩树枝叶，尤其嗜吃沼泽边的水草。为国家Ⅰ级重点保护动物。

林淑然◎绘　　方楚雄◎配景

49. 白唇鹿
Przewalskium albirostris

白唇鹿隶属哺乳纲鲸偶蹄目鹿科,仅分布于青藏高原东部边缘、甘肃、青海、西藏和四川的西部。栖息于高海拔的山地森林或灌木丛中,冬季下移,喜欢开阔的栖息地。大群社会性鹿类,雌雄分开生活。体毛粗硬,适于严寒条件。以青草和植物嫩枝叶为食。为国家Ⅰ级重点保护动物。

林淑然◎绘　　方楚雄◎配景

50. 驯鹿
Rangifer tarandus

驯鹿隶属哺乳纲鲸偶蹄目鹿科,在我国仅分布于内蒙古。栖息于泰加林和苔原;集大群,随季节在夏季和冬季采食区之间进行长距离迁徙。蹄形宽大深裂,皮毛致密,适应极端寒冷的冬季,能靠嗅觉找到埋于雪下的地衣和其他食物。主食树皮、树叶、苔藓、地衣、草和蕨类。

林淑然◎绘　　方楚雄◎配景

51. 麋鹿
Elaphurus davidianus

麋鹿隶属哺乳纲鲸偶蹄目鹿科，原产于我国长江中下游沼泽地带，野外已经灭绝。性好合群，善游泳。喜欢以嫩草和水生植物为食。为国家Ⅰ级重点保护动物。

林淑然◎绘　　方楚雄◎配景

52. 欧亚驼鹿
Alces alces

欧亚驼鹿隶属哺乳纲鲸偶蹄目鹿科，分布于我国新疆。喜在水源充足的混交林和阔叶林活动。具有长腿和张开的蹄，有助于在沼泽和深雪中活动。视力很弱，但有敏锐的嗅觉和听觉。以嫩枝、幼芽及桦、杨、柳、榆树的叶和树皮为食，也常觅食水生植物及沼泽地植物的根、茎和芽。为国家Ⅱ级重点保护动物。

岩 崑◎绘　　方楚雄◎配景

53. 中华斑羚
Naemorhedus griseus

中华斑羚隶属哺乳纲鲸偶蹄目牛科，我国南北各地均有产。独居或集小群生活在崎岖的山区，晨昏活动，可以灵巧地跨越悬崖峭壁。植食性。

岩 崑◎绘　　方楚雄◎配景

54. 蒙原羚
Procapra gutturosa

蒙原羚隶属哺乳纲鲸偶蹄目牛科，分布于我国北方干草原和半荒漠地带。集大群生活，迁徙时群体可达 6000～8000 头。以各种草本植物为食，亦食灌木的嫩枝和幼芽。由于偷猎、围栏的限制和草原开垦，种群数量已经大幅度减少，为国家 II 级重点保护动物。

岩 崑◎绘　方楚雄◎配景

55. 北山羊
Capra sibirica

北山羊隶属哺乳纲鲸偶蹄目牛科，分布于我国西北部。栖息于海拔3000～6000米的裸岩地形和有开阔草甸的山区；喜集群，以雄羊为首，通常集4～10头的小群，有时也会集成大群。以禾本科植物、葱属植物和其他杂草为食。为国家Ⅰ级重点保护动物。

岩 崑◎绘　方楚雄◎配景

56. 盘羊
Ovis ammon

盘羊隶属哺乳纲鲸偶蹄目牛科，分布于我国西部山地。栖息于海拔3000～5000米的高山草地，冬季下迁到较低处，喜在开阔的平缓坡地活动。常数十头成群结队，迁徙时结群更大。听、视、嗅觉相当灵敏。食草和地衣，会有规律地到开阔的泉边或河边饮水。为国家 II 级重点保护动物。

岩 崑◎绘　方楚雄◎配景

57. 中华鬣羚
Capricornis milneedwardsii

中华鬣羚隶属哺乳纲鲸偶蹄目牛科，分布于我国中部和南部。栖息于崎岖陡峭多岩石的丘陵地区，特别是海拔达到4500米的石灰岩地区，通常冬天在森林带，夏天转移到高海拔的峭壁区；独居，大部分夜间活动。取食多种植物的树叶和幼苗。为国家Ⅱ级重点保护动物。

林淑然◎绘　　方楚雄◎配景

58. 不丹羚牛
Budorcas whitei

不丹羚牛隶属哺乳纲鲸偶蹄目牛科,分布于我国西藏的东南部。栖息于高山草甸,可见至海拔 4000 米,冬季向下迁移。喜群栖,性情凶暴,会用角猛烈地攻击追赶者。主食青草、苔藓、地衣之类,也啃食松、杉树皮。通常在清晨或黄昏进食,会有规律地去盐渍地舔食盐碱。为国家 I 级重点保护动物。

林淑然◎绘　　方楚雄◎配景

59. 印度野牛
Bos gaurus

印度野牛隶属哺乳纲鲸偶蹄目牛科，分布于我国西南部。栖居于中低纬度的茂密或开阔热带森林中；营小群生活，昼夜均活动。炎热的白天到阴凉处休息，能站着睡觉，但通常像家牛一样躺下。觅食草和树叶，喜食竹笋和矮竹。为国家 I 级重点保护动物。

岩 崑◎绘　方楚雄◎配景

60. 野牦牛
Bos mutus

野牦牛隶属哺乳纲鲸偶蹄目牛科，分布于我国青藏高原。栖息于海拔4000～6100米的草原和寒冷荒漠，夏季迁徙到5000米以上的高山，冬季则下移至4000～5000米的山地活动；集2～6头的小群生活。性怕热而耐严寒。以青草和嫩枝叶为食。为国家Ⅰ级重点保护动物。

林淑然◎绘　　方楚雄◎配景

中国珍稀野生动物手绘图谱

主创人简介

主编

翟　欣：女，硕士，1982年生，现任广东省生物资源应用研究所《环境昆虫学报》责任编辑／助理研究员，主要研究科技期刊和科技情报。

潘志萍：女，博士，1975年生。现任广东省生物资源应用研究所《环境昆虫学报》副编审／高级农艺师，主要研究图书情报与害虫综合防治。

张春兰：女，博士，1977年生。广东省生物资源应用研究所助理研究员。主要研究鸟类生态及多样性。

绘者

卢济珍：女，1930年生。毕业于中央美术学院，是中华人民共和国成立后首批科学绘画师之一，专门负责鸟类科学绘画。她将国画工笔画技法运用到科学绘画中，形成了自己独特的风格。出版作品有《画鸟的基本常识》《鸟谱》《中国经济鸟类彩色图谱》《中国鸟类百态》等。

王　蘅：女，1939年生。毕业于北京艺术师范学院和中国科学院。原工作单位中国科学院动物研究所。参与《中国经济动物志》《南海诸岛海域鱼类志》《中国濒危动物红皮书》《水生野生保护动物识别手册》等的绘画、摄影和撰写。

岩　崑：女，1932年生。动物画家，毕业于鲁迅美术学院绘画系，后到中国画院研修，并成为齐白石门下入室弟子。1955-1992年在中国科学院动物研究所工作。出版作品有《四川兽类彩色图鉴》《中国兽类识别手册》《中国兽类原色图谱》《中国哺乳动物彩色图鉴》等。

林淑然：女，1955年生。1978年毕业于广州美术学院国画系。1978年到1991年在华南濒危动物研究所工作。原任岭南画派纪念馆常务副馆长、中国工笔协会会员、广东美术家协会会员、二级美术师。出版作品有《动物画谱》《广东鸟类彩色画谱》《林淑然画选》《画坛伉俪》《自然心语》等画册。

注：参绘者中蒋果丁老师为卢济珍老师学生，蒋老师表示：当时是以学生身份跟着老师学习，作为助手，不另介绍了。在此，编者对蒋果丁老师的意愿表示尊敬，并对其给予本书的支持表示感谢。

配景

方楚雄：男，1950年生。现为广州美术学院中国画学院教授、硕士研究生导师。中国美术家协会会员、中国画学会常务理事、中央文史研究馆书画院研究员，广东省人民政府文史研究馆馆员，广东省中国画学会副会长，享受国务院特殊津贴专家。1997年被中国文学艺术界联合会、中国美术家协会评为"1997中国画坛百杰"。2004年获中国艺术研究院"黄宾虹奖"及广东省南粤优秀教师奖。2010年荣获广东省精神文明建设先进工作者称号，广州美术学院德艺双馨杰出教师，广州美术学院教学科研创作突出成果奖。2011年荣获广东省高等学校教学名师奖。

田世光：1916—1999年，号公炜。师承张大千、赵梦朱、吴镜汀、于非闇、齐白石诸先生。早年拜张大千门下，为大风堂弟子之一。长期从事花鸟、山水画创作，继承了宋元派双勾重彩工笔花鸟画的传统技法，并赋之予新的时代精神，为我国现代工笔花鸟画名家。